教育部新农科研究与改革实践项目研究成果
河北科技师范学院校企合作项目资助

设施蔬菜栽培项目化教程

宋士清 王久兴 胡晓辉 主编

燕山大学出版社
·秦皇岛·

图书在版编目（CIP）数据

设施蔬菜栽培项目化教程 / 宋士清，王久兴，胡晓辉主编. —秦皇岛：燕山大学出版社，2024.4
ISBN 978-7-5761-0633-6

I. ①设… II. ①宋… ②王… ③胡… III. ①蔬菜园艺－设施农业－教材 IV. ①S626

中国国家版本馆 CIP 数据核字（2024）第 028538 号

设施蔬菜栽培项目化教程

SHESHI SHUCAI ZAIPEI XIANGMUHUI JIAOCHENG

宋士清　王久兴　胡晓辉　主编

出 版 人： 陈　玉
责任编辑： 孙志强
责任印制： 吴　波
封面设计： 刘馨泽
出版发行： 燕山大学出版社 YANSHAN UNIVERSITY PRESS
电　　话： 0335-8387555
地　　址： 河北省秦皇岛市河北大街西段 438 号
邮政编码： 066004
印　　刷： 涿州市般润文化传播有限公司
经　　销： 全国新华书店

开　　本： 787 mm×1092 mm　1/16
印　　张： 16.75
版　　次： 2024 年 4 月第 1 版
印　　次： 2024 年 4 月第 1 次印刷
书　　号： ISBN 978-7-5761-0633-6
字　　数： 290 千字
定　　价： 68.00 元

内 容 提 要

本教材是教育部新农科研究与改革实践项目“区域性地方高校园艺学复合应用型人才培养模式创新与实践”的部分研究成果，由河北科技师范学院校企合作项目资助，属于理实一体化的行动体系教材。教材编写人员涵盖高校、农业企业、职教中心、地方政府等，将各自的专长充分体现在教材中。教材内容包括35个项目，涵盖了主要蔬菜认知、栽培设施、播种育苗、田间管理等知识和技术，选定的项目内容紧密结合蔬菜生产实践，注重基本概念、基本理论阐述和基本技能的训练。本教材主要供应用型农科高校的设施农业科学与工程、园艺、植物科学技术、农学等专业学生作为专业课教材使用，亦可作为农民培训教材使用，还可供蔬菜生产者、农技推广人员以及蔬菜中心、农业农村行政管理部门相关人员参考。

编写人员名单

主　编

宋士清　河北科技师范学院

王久兴　河北科技师范学院

胡晓辉　西北农林科技大学

副主编

贺桂欣　河北科技师范学院

吕元佐　河北科技师范学院

李向丽　秦皇岛嘉诚实业集团有限公司

孙英姿　河北省武邑县职业技术教育中心

张立君　秦皇岛市抚宁区农业农村局

编　委（按编委姓名拼音排序）

李青云　河北农业大学

刘　涛　秦皇岛市汉风耕读苑农业发展有限公司

马振海　秦皇岛市昌黎县新集镇人民政府

潘雅文　河北省隆化县职教中心

孙成振　河北科技师范学院

王　帅　河北科技师范学院

郄大为　秦皇岛匠联农业科技发展有限公司

武春成　河北科技师范学院

谢　洋　河北科技师范学院

张小丽　秦皇岛市抚宁区蔬菜中心

前　言

《设施蔬菜栽培项目化教程》是教育部新农科研究与改革实践项目研究成果，是为应用型高校农科类专业学生编写的一部行动体系的理实一体化教材。

一、基本内容

教材分蔬菜认知、栽培设施、播种育苗、田间管理、现场考察5个单元，每单元之下设若干项目，共35个项目。基本内容包括：蔬菜分类、蔬菜形态和特性认知等基础知识；阳畦、塑料大棚、日光温室等栽培设施的结构、建造技术；蔬菜种子处理、播种、嫁接等育苗技术；蔬菜整地作畦、定植、植株调整、肥水管理等田间管理技术；蔬菜基地、专业合作社等现场考察方法。每个项目按学习目标、基本要求、背景知识、实习实训、问题思考5个方面进行阐述与实施。

二、编写思路

（一）指导思想

以社会需求为导向，以职业岗位为载体，培养应用型人才；理实一体，理实并重，突出职业教育特色，使学生掌握基本理论，提高实践技能；按行动体系编写，选取典型工作任务，按工作过程将其系统化。

（二）基本理念

任务引领：以工作任务引领知识、技能和态度，使学生在完成工作任务的过程中学习相关知识，发展学生的综合职业能力；结果驱动：通过完成工作任务获得成果，激发学生学习的主动性、积极性；突出能力：以项目的学习目标、技能要求、实习实训等突出职业能力的培养，体现职业教育的本质特征；注重基础：通过项目的设计，使之包含基本原理、专业术语，为就业后新技术学习打下基础；理实一体：以工作任务为中心，理论与实践紧密结合，理实并重，实现理论与实践的一体化教学。

三、结构设计

本教材遵循行动体系原则进行结构设计。在设计过程中，综合考虑了教学目的、适用对象、实践条件、大纲要求、师生接受能力等因素，没有采用传统的“资讯、决策、计划、实施、检查、评估”六步结构，而是创建了一种全新的教材结构。

设单元、项目两级，构建框架。同类项目归为一个单元，各单元按工作流程排序。通过对职教师资要求、农企就业岗位要求、农民培训需求等多个层面进行调研，选取典型工作任务，确定项目，保证所有项目都有明确的指向性，清晰地阐明了学习目标。

每个项目包括以下 5 个方面：

学习目标：旨在使学生明确学习目的，带着目标学习项目内容。

基本要求：列出了对学生学习的知识要求和技能要求，清晰而具体地指明了必须掌握的知识点和名词术语，列出了应会操作技能，这些既是考核的重点，也是就业岗位的基本要求。名词术语的科学性解释在科技交流和发展中起着重要的支撑作用，概念不清或不同理解，容易造成混乱，基于此，本教材特别强调对名词术语的理解，从而有助于学生构建精准的蔬菜栽培学知识体系。

背景知识：根据以往的实践教学经验，为高效利用实践教学时间，避免盲目操作，方便学生在实践开始之前了解相关知识，查阅相关资料，获取相关资讯，安排了背景知识内容。

实习实训：实践内容的设计与前述的项目基本要求相对应，其目的是练习蔬菜生产涉及的最基本的操作技能，以提高动手能力，培育专业素养，同时形成对基本概念的感性认识，印证基本理论并加深对理论的理解，最终目的是培养学生利用知识、技能去解决实际问题的能力。

问题思考：旨在使学生通过对设定问题的思考，将所学内容融会贯通，探究知识和技能背后蕴含的规律，从而提高自身的综合素质。

四、教材特色

按工作过程编写各项目，以具体的、可操作的任务为载体，让每个项目承载概念、术语、理论、技术、参数等，使学生掌握蔬菜栽培学以及与之相关的设施环境学、植物学、园艺设施学、蔬菜种子学、植物生理学、土壤肥料学、植物保护学等学科的知识和技能。

教材每个项目都列出了学习过程中需要的背景知识。背景知识涵盖了相关的名词术语、基本理论。对背景知识的文字表述力求简洁、准确，便于学生学习和复习，也能为将来学习更多知识和掌握新技术打下基础。

教材中使用了大量图片，使内容更直观，可读性更强，便于学生能准确理解教学内容和进行操作。

五、教学建议

（一）建议注重夯实学生基础知识与基本技能

教材内容着眼于基本概念、基本原理的阐述和基本技能的培养。

教师在教学过程中，务必将概念讲准确。概念是对事物最科学、最精练、最准确的定义，如果概念讲授不清，就容易使学生在界定事物时出现偏差，也容易导致在未来工作中对新事物命名的混乱。例如，时下流行的“冬暖式日光温室”“TY 病毒病”等词，都是因概念不清、界定偏差、表述不准而出现的不恰当称谓。

教师在教学过程中，务必把理论讲透彻。学生真正理解了理论，才能理解概念，才能理解技术的真谛，在学习过程中遇到的很多难题也就迎刃而解了。作为教师，不但要学习本教材的内容，也应学习相关学科的知识，这样才能深入分析教材理论，才能让学生更透彻地理解理论。避免学生死记硬背，应让学生在理解的基础上能用自己的语言进行描述。

教师在教学过程中，务必让学生切实掌握基本技能且力求熟练。本教材中涉及的技能，都是蔬菜生产中最基础的，是蔬菜生产岗位的基本要求，也是学习其他技能、技术的基础。千里之行，始于足下，一定要教育学生有夯实基础的意识，切勿好高骛远。蔬菜生产领域的新技术层出不穷，当打牢基础以后，再学习其他技术，就会变得容易很多。

（二）建议开发适宜、新颖的教学形式

同样的教材，同样的内容，不同地区、不同学校、不同教师，可以采用适合自己的不同的教学方法。教学的最终目的是让学生掌握知识与技能，具体的教学形式和手段是为教学目标服务的。基于此，建议教师结合自身条件，积极开发最适合的教学形式。编写本教材的初衷也是想通过改变传统学科体系知识的呈现方式，尽量以图片、行动等形式，让学生掌握复杂的知识和原理，使之更容易接受。作为教师，应该充分发挥思想能动性组织教学，因地制宜地开发多种教学手段。例如，可以根据教学内容选择上课地点，可以在教室，也可以在实训室或实习实训基地；可以结合当地条件、参照教材进行实践，不能动手操作的可以改为参观，不能参观的可以观看视频、微课，等等。

六、作者分工

本教材的编写思路由宋士清、王久兴依托多年研究、实践、思考的成果共同研究制定，并撰写了样章；在此基础上，宋士清、王久兴、胡晓辉、贺桂欣、吕元佐通过多层次调研，选择、确定了具体项目；教材各项目由王久兴、宋士清、胡晓辉、吕元佐、李青云、武春成、孙成振、王帅、谢洋分别执笔完成初稿；李向丽、孙英姿、张立君、刘涛、马振海、潘雅文、郐大为、张小丽从实际生产角度对教材各项目分别进行了审查、修改、完善，并提供了部分项目资料；贺桂欣从课程思政的角度，对教材各项目审核、修订；最后，宋士清、王久兴、胡晓辉进行统稿、定稿。在编写过程中，还得到了其他高校教师、职中教师、政府领导、行业专家、一线生产人员的支持与帮助，在此一并表示感谢！

本教材得到河北科技师范学院校企合作项目、河北科技师范学院新农科研究与改革实践项目“设施农业科学与工程专业新农科课程体系、网课与教材建设研究”资助，感谢河北科技师范学院校领导、教务处领导的大力支持！

必须说明的是，虽然我们在教材编写过程中耗费了大量心血，几易其稿，反复雕琢，但因我们专业水平、认知能力、学科背景的局限，不足之处在所难免，诚请各位专家、学者批评指正！

编者

2024 年 1 月

目　　录

蔬菜认知

SHU CAI REN ZHI

项目1 蔬菜分类与识别

一、学习目标

通过学习植物学及蔬菜分类知识，掌握与蔬菜分类相关的名词或专业术语，能够准确识别各种常见蔬菜，能够对常见蔬菜分别按植物学分类法、食用器官分类法及农业生物学分类法进行归类，从而为进一步理解蔬菜相关知识和从事蔬菜生产领域各岗位工作打下基础。

二、基本要求

（一）知识要求

1. 知识点

理解蔬菜的概念，了解进行蔬菜分类的意义。掌握蔬菜的植物学分类法、食用器官分类法及农业生物学分类法的分类依据和每种分类方法的特点。掌握前述3种分类法主要分类层级的名称。

2. 名词术语

理解下列名词或专业术语：蔬菜、一年生蔬菜、二年生蔬菜、多年生蔬菜、草本植物、起源中心、种质资源；归类、分类地位；植物学分类法、界、门、纲、目、科、属、种；亚种、变种；植物界、被子植物门、双子叶植物纲、单子叶植物纲、十字花科、豆科、茄科、葫芦科、伞形科（亦称伞形花科）、菊科、葱科、百合科、禾本科；食用器官分类法、根菜类、茎菜类、叶菜类、花菜类、果菜类；肉质直根、块根（肉质块根）；地下茎、块茎（块状茎）、根茎（根状茎）、球茎（球状茎）；地上茎、肉质茎、嫩茎；农业生物学分类法、瓜类、茄果类、豆类、白菜类、葱蒜类、根菜类、绿叶菜类、薯芋类、芽苗类。

（二）技能要求

1. 识别

能够通过蔬菜的植株形态或重要器官，尤其是产品器官形态，准确识别下列蔬菜：大白菜（结球白菜）、乌塌菜；叶用芥菜、茎用芥菜、分蘖芥菜、根用芥菜；结球甘蓝、球茎甘蓝、花椰菜、木立花椰菜；萝卜、胡萝卜；菠菜、芹菜、叶用莴苣、芫荽、茴香、茼蒿、苋菜、蕹菜、落葵；韭菜、大葱、大蒜、洋葱、韭葱；番茄、茄子、辣椒；黄瓜、西葫芦、南瓜（中国南瓜）、笋瓜、冬瓜、丝瓜、瓠瓜、苦瓜、佛手瓜；菜豆、豇豆、豌豆（嫩荚豌豆）、蚕豆、毛豆（菜用大豆）、刀豆、扁豆、四棱豆；马铃薯、山药、芋头、姜、甘薯；黄花、芦笋、百合、菊芋、草石蚕；莲藕、茭白、慈姑（茨菰）、荸荠、豆瓣菜、水芹；萝卜芽、香椿芽、豌豆苗、黑豆苗；甜玉米（菜用玉米）、秋葵、朝鲜蓟。

2. 归类

能够对蔬菜类别进行界定。能够表述各种蔬菜的分类地位，能够对常见蔬菜分别按植物学分类法、食用器官分类法及农业生物学分类法进行准确归类。

三、背景知识

（一）蔬菜的概念

凡是一年生、二年生及多年生的草本植物，以及少量木本植物、食用菌等，具有柔嫩多汁的产品器官，可以作为副食品的，均可称为蔬菜。

蔬菜的范畴很广。目前，对有些蔬菜的界定仍较模糊甚至存在争议。比如西瓜，蔬菜学科将其归入瓜类蔬菜，但有人认为属于果树，或称之为水果、果蔬；又如香椿，本是一种木本蔬菜，按农业生物学分类法，属于多年生及杂类蔬菜，但有人认为木本植物不应属于蔬菜；再比如草莓，草本、多年生、具有多汁产品器官，蔬菜学科将其归入多年生及杂类蔬菜，但有学者认为应该将其归入果树范畴。另外，食用菌，属于广义的蔬菜范畴，只是其生产方法与普通蔬菜植物存在很大差异，其相关研究和生产自成体系，因此，不在本教材具体阐述范围之内。

我国幅员辽阔，是世界栽培植物的起源中心之一，加之国外各种蔬菜的引入，使我国蔬菜种类繁多，种质资源丰富。据统计，我国栽培的蔬菜有 210 多种，其中普遍栽培的有 50 ～ 60 种。

在栽培学上，通常以植物分类学中的种名、亚种名、变种名作为蔬菜的名称。比如，甜瓜是种的名称；而网纹甜瓜，是埃塞俄比亚基因中心起源的甜瓜的变种；我国起源的薄皮甜瓜是甜瓜种中的一个亚种；而越瓜，则是薄皮甜瓜亚种的一个变种。甜瓜、网纹甜瓜、薄皮甜瓜、越瓜，都可以作为蔬菜的名称，但不宜将育种学上的品种名、品系名作为蔬菜名称使用。

（二）蔬菜分类系统

为了方便学习、生产和研究，栽培学上常用 3 种方法对蔬菜进行系统的分类，即植物学分类法、食用器官分类法和农业生物学分类法。在栽培学上，以农业生物学分类法最为常用。

1. 植物学分类法

（1）主要蔬菜归类　归类指确定蔬菜所属的类别，也就是确定蔬菜的分类地位。植物学分类法的归类，是指按照植物分类学的分类方法（界、门、纲、目、科、属、种）对蔬菜进行分类，一般分到科一级。我国栽培的 210 多种蔬菜，分属于 32 个科。一般栽培的蔬菜，除食用菌外，都属于被子植物门，分属双子叶植物纲和单子叶植物纲。在双子叶植物纲中，以十字花科、葫芦科、茄科、豆科、伞形科、菊科、藜科 7 个科为主；在单子叶植物中，以葱科、百合科 2 个科为主。

①十字花科　十字花科主要蔬菜有萝卜属的萝卜（种），包括中国萝卜（变种，简称萝卜）、四季萝卜（变种，樱桃萝卜）；芸薹属的芥菜（种），包括雪里蕻（变种，分蘖芥菜）、儿菜（变种，芽用芥菜）、大头菜（变种，根用芥菜；注：腌制后俗称咸菜疙瘩）、青菜头（变种，茎用芥菜；注：加工后产品称作榨菜）、大叶芥（变种，叶用芥菜）等；芸薹属芸薹种中的白菜（亚种），包括普通白菜（变种，小白菜）、乌塌菜（变种）、菜薹（变种）、薹菜（变种）；芸薹属芸薹种中大白菜（亚种）中的结球大白菜（变种，简称大白

菜）；芸薹属甘蓝种中的结球甘蓝（变种，简称甘蓝）、羽衣甘蓝（变种）、花椰菜（变种）、木立花椰菜（变种，俗称绿菜花、青花菜）等。

②葫芦科　葫芦科主要蔬菜有黄瓜属（也译作甜瓜属）的黄瓜（种）；黄瓜属甜瓜种中的普通甜瓜（变种）、网纹甜瓜（变种）、硬（厚）皮甜瓜（变种）、哈密瓜（变种）、越瓜（变种）、菜瓜（变种）、观赏甜瓜（变种）、柠檬瓜（变种）等；南瓜属中的南瓜（种，中国南瓜）、笋瓜（种，印度南瓜）、西葫芦（变种，美洲南瓜）、黑籽南瓜（种）、灰籽南瓜（种）等；冬瓜属冬瓜（种）；瓠瓜属瓠瓜种中的瓠子（变种）、长柄葫芦（变种）、大葫芦（变种）、细腰葫芦（变种）、观赏葫芦（变种）等；丝瓜属中的普通丝瓜（种）和有棱丝瓜（种）；西瓜属的西瓜（种）等。

③茄科　茄科主要蔬菜有茄属的茄子（种），包括圆茄（变种）、长茄（变种）、矮茄（变种）；茄属的马铃薯（种）；茄属的番茄（种），包括樱桃番茄（变种）、普通番茄（变种）等；辣椒属的辣椒（种），包括灯笼椒（变种，俗称甜椒）、长辣椒（变种，俗称牛角椒、羊角椒）、朝天椒（变种）；等等。

④豆科　豆科主要蔬菜有菜豆属的菜豆（种），包括矮生菜豆（变种）、蔓生菜豆（变种）；豇豆属的豇豆（种）；豌豆属豌豆种中的菜用豌豆（变种）、软（嫩）荚豌豆（变种）；野豌豆属的蚕豆（种）；扁豆属的扁豆（种）；刀豆属的刀豆（种）等。

⑤伞形科　伞形科主要蔬菜有芹菜属的芹菜（种），包括西洋芹菜（变种，西芹）、根芹（变种）；茴香属的莳萝（种，大茴香）、小茴香（种）、球茎茴香（种）；还有芫荽属的芫荽（种），水芹属的水芹（种），欧防风属的美国防风（种）。

⑥菊科　菊科主要蔬菜有莴苣属的莴苣（种），包括结球莴苣（变种，俗称团生菜）、散叶莴苣（变种，俗称生菜）、莴笋（变种，茎用莴苣）等；向日葵属的菊芋（种）；菊苣属的苦苣（种）；蒲公英属的蒲公英（种）；菊属的茼蒿（种）、菊花脑（种）；菜蓟属的朝鲜蓟（种）；等等。

⑦藜科　藜科主要蔬菜有菠菜属的菠菜（种），包括刺籽菠菜（亚种）、圆籽菠菜（亚种）；莙菜属的叶莙菜（种）、根莙菜（种，注：“莙”通“甜”）。

⑧葱科　葱科主要蔬菜有葱属的韭菜（种）、葱（种）、洋葱（种）、大蒜（种）、韭葱（种）、南欧蒜（种）、薤（种）等，其中，葱又包括普通大葱（变种，简称大葱）、分葱（变种）、楼葱（变种）、胡葱（变种）、细香葱（变种）、扁叶葱（变种，韭葱）等。（注：葱科蔬菜之前归属百合科）

⑨百合科　百合科主要蔬菜有萱草属中的黄花（种，干制加工产品称作黄花菜）；天门冬属的芦笋（种）、白花百合（种）、卷丹（种）、兰州百合（种）等。

（2）植物学分类法的特点

①优点　通过按植物学分类法对蔬菜归类，能按其分类地位了解各种蔬菜之间的亲缘关系，凡是亲缘关系相近的蔬菜，在植物学特征、生态学特性、生理特性以及栽培技术方面都有相似之处。这一点，在栽培管理、杂交育种、嫁接育苗及种子繁育等方面有重要意义。

如结球甘蓝与花椰菜，虽然前者食用的是叶球，后者食用的是花球，但两者同属植物学上的同一个种，又属异花授粉作物，彼此容易杂交，因此，在杂交育种和留种时要注意隔离。再如，茎用芥菜、根用芥菜、分蘖芥菜也有类似情况，形态上虽然相差很大，但都属于芥菜种，可以相互杂交。又如，番茄、茄子和辣椒同属茄科，西瓜、甜瓜、黄瓜、南瓜同属葫芦科，其不论在生物学特性、栽培技术上，还是在病虫害防治方面，都有共同之处，可以相互借鉴。

②缺点　有的蔬菜虽然同属植物学分类中的同一个科，但是其栽培方法、食用器官和生物学特性却未必相近。如同属茄科的番茄和马铃薯，其在对环境条件的要求、栽培管理技术、繁殖方式等方面差异巨大。因而，这种分类方法的栽培学价值有局限性。

2. 食用器官分类法

（1）主要蔬菜归类　根据食用器官的植物学属性，可将蔬菜（食用菌等特殊种类除外）分为根菜类、茎菜类、叶菜类、花菜类、果菜类5类。

①根菜类　根菜类指以肥大的根为产品器官即食用部分的蔬菜。

肉质直根类。简称肉质根类、直根类，指以由胚根生长形成的肥大主根为产品的一类蔬菜，如萝卜、胡萝卜、根用芥菜、芜菁甘蓝、芜菁、辣根、美洲防风、根用菾菜（根菾菜）、婆罗门参等。

肉质块根类。简称块根类，指以侧根或营养芽膨大形成的块根为产品器官的一类蔬菜，一株蔬菜可以形成多个块根，如豆薯、甘薯、葛等。

②茎菜类　以肥大的茎为产品的蔬菜。

肉质茎类。简称肥茎类，指以肥大的地上茎为产品的蔬菜，有莴笋、茭白、茎用芥菜、球茎甘蓝（苤蓝）等。

嫩茎类。以萌发的嫩芽为产品的蔬菜，如芦笋、竹笋等。

块茎类。以肥大的地下块茎为产品的蔬菜，如马铃薯、菊芋、草石蚕、山药等。

根茎类。以肥大的地下根茎（根状茎）为产品的蔬菜，如莲藕、姜、蘘荷等。

球茎类。以肥大的地下球茎为产品的蔬菜，如慈姑、芋、荸荠等。

③叶菜类　叶菜类指以鲜嫩叶片及叶柄为产品的蔬菜。

普通叶菜类。如普通白菜（小白菜）、叶用芥菜、乌塌菜、蕹菜、散叶莴苣（散叶型叶用莴苣）、落葵、紫苏、芥蓝、荠菜、菠菜、苋菜、番杏、叶菾菜（叶用菾菜）、莴苣、茼蒿、芹菜等。

结球叶菜类。如结球甘蓝、结球大白菜、结球莴苣、包心芥菜等。

辛香叶菜类。如大葱、韭菜、分葱、茴香、芫荽等。

鳞茎类。指叶鞘基部膨大形成鳞茎的蔬菜，如洋葱、大蒜、胡葱、百合等。

④花菜类　花菜类指以花及其附属组织为产品的蔬菜。

花器类。以花器为产品的蔬菜，如黄花（注：干制加工产品称黄花菜）、朝鲜蓟等。

花枝类。以肥嫩的花枝为主要产品的蔬菜，如花椰菜、木立花椰菜、菜薹、芥蓝等。

⑤果菜类　果菜类指以果实及其所包含的种子为产品的蔬菜。

瓠果类。如南瓜、黄瓜、西瓜、甜瓜、冬瓜、丝瓜、苦瓜、蛇瓜、佛手瓜等。

浆果类。如番茄、辣椒、茄子等。

荚果类。如菜豆、豇豆、刀豆、豌豆、蚕豆等。

杂果类。如甜玉米（菜用玉米）、草莓、菱角、秋葵、芡实等。

（2）食用器官分类法的特点

①优点　在栽培学上，相同的食用器官在形成时对环境条件的要求常常很相似，因此食用器官分类法对掌握同类蔬菜栽培关键技术有一定意义。如根菜类中的萝卜和胡萝卜，虽然分别属于十字花科和伞形科，但它们对栽培条件的要求却很相似，栽培过程中可以采用相似的技术。

②缺点　有些按食用器官分类法属于同类的蔬菜，虽然食用器官相同，但是生长习性及栽培方法却相差甚远，因而这种分类法对栽培的参考价值有限。如莴笋和茭白，同为茎菜类，但一个是陆生，一个是水生，其生态特性和

栽培方法完全不同。而有些蔬菜，如花椰菜、结球甘蓝、球茎甘蓝，虽然分别属于花菜类、叶菜类和茎菜类，但三者要求的栽培环境条件却基本相同。

3. 农业生物学分类法

以蔬菜的生物学特性和栽培学特性为依据进行分类，即根据农业生产上的要求，将植物学上分类地位相近、产品器官相同、生物学特性和栽培技术相似的蔬菜归为一类。目前，可将蔬菜（含菌藻类）分为14类。这种方法综合了上述两种分类方法的优点，比较适合生产实践，因而在栽培学上被广泛采用。

（1）主要蔬菜归类

①白菜类　此类蔬菜以柔嫩的叶片、叶球、花薹为产品，为二年生草本植物，用种子繁殖，以直播为主，也可以育苗移栽。其根系较浅，要求保水保肥力良好的土壤，喜欢温和气候，较耐寒但不耐热。

主要有：结球大白菜（变种，简称大白菜）、普通白菜（变种）、乌塌菜（变种）（图1.1）、菜薹（变种）。

②芥菜类　包括小叶芥（变种）、大叶芥（变种）、结球芥（变种）、雪里蕻（变种，分蘖芥菜）、卷心芥（变种）、叶瘤芥（变种）、大头菜（变种，根用芥菜）等。

③甘蓝类　以柔嫩的叶球、花球、肉质茎等为产品。生长特性和栽培技术与白菜类相似。包括结球甘蓝、球茎甘蓝（苤蓝）（图1.2）、花椰菜、木立花椰菜等很多变种。

图1.1　乌塌菜

图1.2　球茎甘蓝

④根菜类　以其肥大的肉质直根为食用部分。均为二年生植物，种子繁殖，不宜移栽。要求温和的气候，耐寒不耐热，要求土层疏松深厚，以利于形成良好的肉质直根。包括萝卜、胡萝卜、根用芥菜、芜菁等。（注：农业生物学分类法中的根菜类和食用器官分类法中的根菜类，概念的内涵和外延不同）

⑤绿叶菜类　分属植物学上的多个科，以幼嫩的叶（有时还包含部分嫩茎）为产品。这类蔬菜生长迅速，要求肥水充足的栽培条件，尤喜速效性氮肥。代表性蔬菜包括：菠菜、芹菜、莴笋、莴苣、芫荽、莳萝、茼蒿以及苋菜、蕹菜、落葵（图 1.3）等。这类蔬菜对温度条件的要求差异很大，可分为两类：苋菜、蕹菜、落葵等耐热类型；芹菜、菠菜等喜温和、较耐寒类型。（注：农业生物学分类法中的绿叶菜类和食用器官分类法中的叶菜类，虽只有 1 字之差，但概念的内涵和外延不同）

⑥葱蒜类　属于葱科，一般为二年生，除大蒜用鳞芽（注：鳞芽又叫蒜瓣，在植物学上是短缩茎盘的侧芽）繁殖外，其他均用种子繁殖。葱蒜类蔬菜根系不发达，要求土壤湿润肥沃，生长期间要求温和气候，但耐寒性和抗热力都很强，对干燥空气忍耐力强，鳞芽或鳞茎形成需要长日照条件，其中大蒜和洋葱在炎夏进入休眠。代表性蔬菜有：韭菜、大葱、大蒜、洋葱、韭葱、细香葱（图 1.4）等。

图 1.3　落葵

图 1.4　细香葱

⑦茄果类　属于茄科，以浆果为产品，多数为一年生。喜温暖，不耐寒，露地栽培时只能在无霜期生长，根系发达，要求深厚的土层。对日照长短要求不严格。用种子繁殖，适合育苗移栽。包括番茄、茄子（图 1.5）和辣椒等。

⑧瓜类　属于葫芦科，以瓠果为产品，茎蔓生，雌雄同株异花。喜温暖，不耐寒，生育期要求较高温度和充足阳光。栽培上通常需搭架和整枝，一般用种子繁殖（佛手瓜用果实繁殖）。包括黄瓜、南瓜（图 1.6）、笋瓜、冬瓜、丝瓜、瓠瓜、苦瓜、佛手瓜等。

⑨豆类　属于豆科，以荚果为产品。除蚕豆和豌豆较耐寒外，其余均要求温暖的气候条件，豇豆和扁豆耐高温。通常为一年生。有发达的根系，有根瘤菌固氮，因此需要氮肥较少。种子直播，根系不耐移植，蔓生种需要搭

架。代表性豆类蔬菜有：菜豆、豇豆、豌豆、蚕豆、菜用大豆（俗称毛豆）、刀豆、扁豆、四棱豆等。

图 1.5　茄子

图 1.6　南瓜

⑩薯芋类　以富含淀粉的块茎、球茎、根状茎、块根等为产品。除马铃薯不耐炎热外，其余都喜温耐热。要求湿润、肥沃、疏松的土壤。生产上多用无性器官繁殖。薯芋类的代表性蔬菜包括：马铃薯、山药、芋头、姜、甘薯、木薯、豆薯、菊薯、菊芋、魔芋、蕉芋、香芋、甘露（草食蚕）、葛等。

⑪ 水生类（水生蔬菜类）　大部分用营养器官繁殖，生长在沼泽地区。为多年生植物，每年温暖和炎热季节生长，到气候寒冷时，地上部分枯萎。包括莲藕、茭白、慈姑、荸荠、芡、菱、豆瓣菜、水芹等。

⑫ 多年生及其他蔬菜类　多年生蔬菜指播种一次或栽植一次，可连续生长并连续采收两年以上的蔬菜，包括多年生草本和多年生木本蔬菜，这些蔬菜在温暖季节生长，冬季休眠，对土壤要求不太严格。可以鲜食，更多是用于加工。主要包括黄花、芦笋（图 1.7）、朝鲜蓟、百合、香椿、竹笋、枸杞、蘘荷等。

杂类蔬菜有甜玉米、秋葵（图 1.8）、食用仙人掌、芦荟等。

图 1.7　芦笋

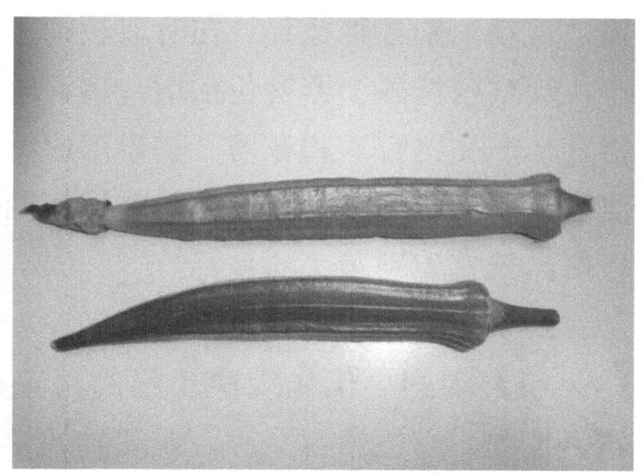

图 1.8　秋葵

⑬ 芽苗类（芽苗菜类、芽苗菜） 种子或其他营养贮藏器官在黑暗、弱光或自然光条件下，直接生长出的可供食用的芽苗、芽球、嫩芽、幼茎或幼梢等产品。如萝卜芽、香椿芽、豌豆芽、苜蓿芽、荞麦芽等。

⑭ 菌藻类 菌藻类主要指草菇、香菇、平菇、金针菇、木耳、银耳等食用菌，以及海带、紫菜、裙带菜、发菜等海藻类蔬菜。

四、实习实训

（一）准备

1. 教师准备

（1）材料 能够反映各种蔬菜产品形态、颜色、内部结构特征的各种材料，材料范围应尽量包括本项目提到的所有蔬菜。

以田间已经形成产品的蔬菜植株实体为最好。如果实习实训基地条件不许可，可以在实训室摆放各种新鲜的蔬菜产品器官实物，尽量多地配备对应的蔬菜花器、叶片，所有蔬菜产品必须确保安全、卫生。如果条件仍不允许，可以用浸渍标本、蜡制模型、彩色图书、彩色挂图、塑封彩色照片、数码照片（课件）代替。

（2）用具 经清洗消毒的托盘、砧板、餐刀，方格纸（坐标纸）。

2. 学生准备

记录纸，铅笔。亦可准备拍照工具，如数码相机或智能手机。

（二）步骤与内容

1. 实践基地观察

由教师带领，到校内实习实训基地，或校外实践基地，或其他蔬菜栽培田，现场识别各种蔬菜。在听取教师讲解的同时，仔细观察每种蔬菜的生长状态，观察植株各个器官包括根、茎、叶、花、果的形态特征，重点观察其食用器官（产品器官）和花器。初步形成感性认识，并记录其特点，理解用 3 种分类法对所观察蔬菜进行归类的依据（图 1.9）。要求通过到基地观察，达到能够以产品器官识别蔬菜的目标。

2. 实训室内识别

（1）观察 优先观察新鲜的蔬菜产品实体，补充观察标本、蜡制模型、彩色挂图、彩色塑封图片，或观看教学课件。对各种蔬菜产品的形态、颜色形成感性认识，记忆各种蔬菜的名称（种、亚种、变种名）。通过观察、记忆，要达到能够识别各种蔬菜的目标（图 1.10）。

图 1.9　在实习实训基地观察蔬菜生长状态

图 1.10　在实训室内观察蔬菜产品器官

（2）拍照　将方格纸铺在实训台上，其上放置蔬菜产品或蔬菜的其他器官，从正上方拍照，然后以蔬菜名命名图像文件，或在照片上标注文字注明蔬菜名，以供日后复习之用。

3. 蔬菜归类

（1）按植物学分类法归类　在教师指导下，用简单的语言总结概括茄科、葫芦科、十字花科、菊科、伞形科、豆科、葱科等科蔬菜的特征，写在记录纸上。观察蔬菜或蔬菜产品器官，重点观察果实、花器，在脑海中建立所述特征与实物的关联。将蔬菜名，对蔬菜名的标注（种名、亚种或变种名），以及按植物学分类法所属的“科”“属”名称，填入表 1.1。

（2）按食用器官分类法归类　观察蔬菜，辨别各种蔬菜的产品器官，确定产品器官属于“根、茎、花、叶、果”中的哪一种，尤其注意分辨变态根、变态茎、变态叶、变态花器。如果属于变态器官，要明确属于哪种变态，如变态茎是块茎还是根茎，变态根属直根还是块根。思考各种产品器官包括变态器官的特征。

将所观察蔬菜按食用器官分类法归类，将蔬菜所属类名称及器官类型填入表 1.1。

（3）按农业生物学分类法归类　按农业生物学分类法将实训台上的蔬菜分组，即将同类蔬菜摆放在一起。

观察并思考同一类蔬菜有哪些共同特点，比如，按植物学分类属于哪一科，食用器官是哪种类型，对栽培条件有何要求，对栽培措施有何要求。总结共同点时，尽量用准确、规范的术语。想一想，如果遇到一种从未见过的蔬菜，能否根据自己总结出的特点，对其进行归类。

将所观察到的蔬菜，先按农业生物学分类法分类，然后填写表 1.1。

表 1.1　蔬菜分类观察记录表

蔬菜名	植物学分类法	食用器官分类法	农业生物学分类法
样例：黄瓜（种）	葫芦科黄瓜属	果菜类 - 瓠果	瓜类

4. 品尝蔬菜产品

将材料用清水洗净，用洁净的餐刀切开能够生食的蔬菜产品，如西瓜、甜瓜、番茄等，品尝，体会风味、口感。不能直接食用的蔬菜产品，在条件许可的情况下，加工烹调后食用。操作时要注意安全、卫生。

品尝的目的是通过感官刺激，形成感性认识，加深记忆。品尝后，要能对各种蔬菜产品的食用品质作出尽量准确的评价，练习表达能力。可以选用自己认为恰当的词汇进行描述，比如：爽口、清香、脆嫩、甘甜、苦涩、多汁、柔嫩，等等。

五、问题思考

1. 简述蔬菜分类的意义和 3 种分类法的主要适用范围。

2. 有哪些蔬菜按植物学分类法属于同一科，而且按食用器官分类法也属于同一类？又有哪些蔬菜虽然按植物学分类法属于同一科，但按食用器官分类法却不属于同一类的？

3. 如果遇到一种未见过的蔬菜，比如某种新开发的野菜，你能否根据所学知识对其进行归类？如果不能正确归类，说明对 3 种分类方法仍有不明之处，建议阅读一些参考书或与教师交流。

项目2　蔬菜种子识别

一、学习目标

通过学习和实践，学会蔬菜种子外部形态的描述方法，了解种子的内部结构，能够根据种子形态特征识别蔬菜种子，能鉴别种子真实性，为栽培时正确用种或从事种子经营活动打下基础，并为将来学习“蔬菜种子学”课程积累知识。

二、基本要求

（一）知识要求

1. 知识点

掌握种子的广义、狭义概念。了解种子的分类方法。掌握种子外部特征的描述方法。了解种子内部结构。参考本项目背景知识部分对各种蔬菜种子特征的描述进行种子识别。

2. 名词术语

理解下列名词或专业术语：授粉、受精、种子、种脐、发芽孔、种皮；胎座、胚珠、珠被、珠柄、珠孔、子房、子房壁；胚、胚乳、胚芽、胚轴、胚根、子叶；播种材料、农业种子、营养器官、鳞茎、球茎、根茎、块茎；有性繁殖器官、瘦果、双悬果；有胚乳种子、无胚乳种子。

（二）技能要求

1. 识别

能够依据种子外部形态特征，识别下列蔬菜的种子：结球大白菜（大白菜）、结球甘蓝、萝卜、茎用芥菜；黄瓜、西瓜、冬瓜、南瓜（中国南瓜）、西葫芦（美洲南瓜）、笋瓜（印度南瓜）、苦瓜、瓠瓜、丝瓜；番茄、茄子、辣椒；菜豆、豇豆、豌豆、蚕豆；韭菜、大葱、洋葱；茴香、芫荽、芹菜、胡萝卜；菠菜、叶恭菜；叶用莴苣、茼蒿。

2. 描述

能够从形状、颜色、表面状况、大小等方面，分别描述下列蔬菜的种子外部形态特征：黄瓜、西瓜、冬瓜、南瓜、苦瓜；番茄、茄子、辣椒；大白菜、萝卜；韭菜、大葱；芫荽、芹菜、菠菜。

3. 绘图

能绘制菜豆种子（无胚乳种子）内部结构图，并标注该种子的主要结构名称。

三、背景知识

（一）种子的概念及类别

1. 种子的概念

种子的概念有狭义和广义之分。

（1）种子（狭义） 狭义的种子即植物学上的种子，是指由受精的胚珠发育形成的有性繁殖器官，通常由种皮、胚与胚乳 3 部分组成。

（2）种子（广义） 广义的种子泛指农业生产用到的包括植物学种子在内的各种播种材料。为了区别于植物学上的种子，可称其为农业种子，习惯上简称种子。

2. 种子的类别

蔬菜的种子（农业种子）包括以下 3 类。

（1）植物学种子 植物学种子指由受精的胚珠发育而来的作为繁殖材料用的植物学意义上的种子，如瓜类、豆类、茄果类、白菜类、甘蓝类等蔬菜的种子。

（2）果实 果实指由子房发育形成的作为繁殖材料用的植物学上的果实，果实内部包含由胚珠发育成的植物学种子。如莴苣、茼蒿等菊科蔬菜的瘦果，胡萝卜、莳萝、芫荽、芹菜等伞形科蔬菜的双悬果，藜科蔬菜的胞果等。

（3）营养器官 营养器官指具有营养贮存功能的作为繁殖材料用的各种植物营养器官，如鳞芽（大蒜）、球茎（芋头、荸荠、慈姑）、根茎（姜、莲藕）、块茎（马铃薯、山药、菊芋、草食蚕）、块根（豆薯、葛、甘薯）等。

（二）种子的外部形态

种子的形态是鉴别蔬菜种类、判断种子质量、确定播种方式的重要依据。

1. 形状

种子的形状指整个种子的外部轮廓。有球形、卵形、扁球形、椭球形、棱柱形、盾形、心脏形、肾形、披针形、纺锤形、舟形、不规则形等。

2. 大小

（1）种子大小分级　按种子大小可以把种子分成大粒、中粒、小粒 3 级。大粒如豆科、葫芦科蔬菜的种子；中粒如茄科、藜科、百合科蔬菜的种子；小粒如十字花科和伞形科蔬菜的种子。

（2）种子大小表示方法　种子大小表示方法有 3 种：其一，用种子千粒质量（单位：克）表示；其二，用 1 克种子的粒数表示；其三，用种子的长度、宽度、厚度的具体数值表示。

3. 颜色

种子的颜色指种皮或果皮的外观颜色，也包括有无光泽，有无斑纹，颜色是纯净一致还是有杂色等内容。

4. 表面状况

种子的表面状况指种子表面的各种细微结构和纹饰，是种子分类和识别的重要依据，具体包括：其一，种子表面光滑度（或起伏），如突起、沟、棱、皱纹、网纹等；其二，附属物，如蜡层、翅、刺、毛（包括柔毛、茸毛、刚毛、绢状毛、棉毛等）、冠毛（指瘦果顶端毛状、刺芒状、鳞片状或齿牙状结构）等；其三，边缘及种脐（位置、形状、大小、颜色）。

5. 气味

种子的气味是指种子有无芳香味或其他特殊气味。

（三）种子的内部结构

植物学上的种子主要由种皮和胚构成，有些种子还含有胚乳。

1. 种皮

植物学的种皮是包被在种子最外层的保护组织，由一层或二层珠被发育而成。（注：以果实作为播种材料的种子，其“种皮”实际上是果皮，是由子房壁发育而来的）

真正的种皮或为薄膜状，如菠菜、芹菜种子；或被挤压破碎，粘贴于果皮的内壁而混成一体，如莴苣种子。

种皮的细胞组成和结构是鉴别蔬菜的种与变种的重要特征之一。如芸薹属的种、变种的种子，在外观上不易区分，而从种皮结构就较易辨别。

在种皮细胞中不含原生质（无生命细胞），细胞间有许多孔隙，形成多孔结构。

种皮上有与胎座相连接的珠柄的断痕，称为种脐。种脐的一端有一个小孔，称为珠孔，种子发芽时胚根从珠孔伸出，所以珠孔也称作发芽孔。

2. 胚

胚是种子中由受精卵发育而成的植物体的幼小雏体，由胚根、胚芽、胚轴、子叶及夹在子叶间的初生叶原基组成（图 2.1）。

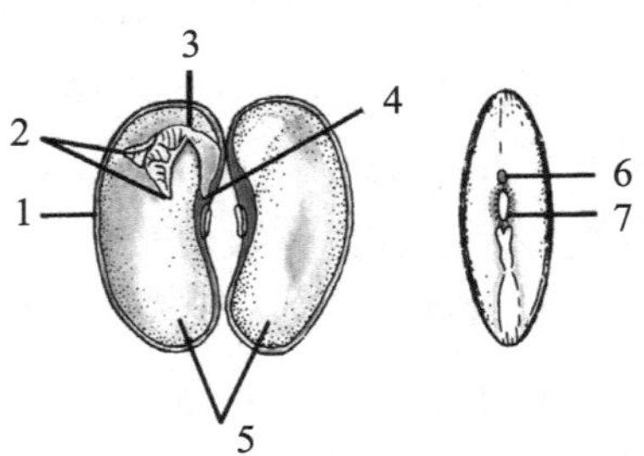

1. 种皮；2. 胚芽；3. 胚轴；4. 胚根；5. 子叶；6. 珠孔；7. 种脐

图 2.1　种子（菜豆）结构示意图

胚的形态一般有 5 种：

（1）直立胚　胚根、胚轴、子叶和胚芽等与种子的纵轴平行，如菊科、葫芦科蔬菜的种子。

（2）弯曲胚　胚弯曲成钩状，如豆科蔬菜的种子。

（3）螺旋形胚　胚呈螺旋形，且其环不在一个平面内，如茄科、葱科蔬菜的种子。

（4）环形胚　胚细长，沿种皮内层绕一周，呈环形，胚根和胚芽几乎相接，如藜科蔬菜的种子。

（5）折叠胚　子叶发达，折叠数层，充满种子内部，如十字花科蔬菜的种子。

3. 胚乳

少数蔬菜种子中含有胚乳，胚乳是种子贮藏营养物质的场所。根据是否含有胚乳，将种子分为两类。

（1）有胚乳种子　有胚乳种子包括茄科、伞形科、葱科、百合科、藜科蔬菜种子。种子在发芽过程中，幼胚的生长依靠子叶和胚乳提供营养。

（2）无胚乳种子　无胚乳种子包括豆科、葫芦科、菊科、十字花科蔬菜种子，这些种子在发育过程中其胚乳已被胚所吸收，养分贮藏在子叶中。发芽过程中依靠子叶提供营养，且幼苗出土后子叶是最早的同化器官。

（四）主要蔬菜种子形态特征

1. 十字花科

十字花科蔬菜种子，形状：扁球形、球形、椭圆形；颜色：浅褐色、红褐色、深紫色、黑色；表面状况：有网纹；内部结构：无胚乳，胚为镰刀状，子叶呈肾形，每片子叶褶叠，分列于胚芽两侧。

（1）芸薹属　包括甘蓝类、白菜类、芥菜类蔬菜。种子均为球形。结球甘蓝种子，铁灰色，颜色最深，体积最大；结球大白菜种子（图 2.2），颜色紫红，较深，比甘蓝种子小；普通白菜种子，颜色深红棕色，相对较浅；芥菜种子，颜色浅红棕色，颜色最浅，种子小于结球甘蓝、结球大白菜和普通白菜种子。

（2）萝卜属　种子较大；呈不规则形，有棱角；种脐明显有沟；白萝卜类型种子黄色，红萝卜类型种子黄褐色（图 2.3）。

图 2.2　结球大白菜种子

图 2.3　萝卜种子

2. 葫芦科

葫芦科蔬菜种子，形状：扁平，自纺锤形、卵形、椭球形至广椭球形；颜色：自纯白、淡黄、红褐直至黑色，为单色或杂色；表面情况：种子边缘有翼或无翼；内部构造：无胚乳，子叶肥大。

（1）黄瓜属　种子灰黄、灰白色、黄白或白色，纺锤形或披针形，无突起的边缘（图 2.4）。

（2）冬瓜属　种子较大，近倒卵形；种皮有疏松的物质且较厚；种子边缘有棱状突起（粉皮冬瓜）。

（3）南瓜属　扁卵形；白、黄或灰黄色；种子大；有边。包括如下 3 种：

①西葫芦　西葫芦又称美洲南瓜，其种子喙大呈倾斜状，边缘与种皮色泽相仿，无黄色镶边，种子大而厚，长宽差距小，近椭圆形（图 2.5）。

②中国南瓜　中国南瓜简称南瓜，种子喙小而平直，较种皮色深，有金黄色镶边。

③笋瓜　笋瓜又称印度南瓜，其种子有黄边，但不及中国南瓜明显，种子小而薄，长宽差距大，披针形。

图 2.4　黄瓜种子

图 2.5　西葫芦种子

3. 茄科

茄科蔬菜种子，形状：扁平，自圆形至肾形；颜色：自黄褐至红褐；表面状况：种皮光滑或被绒毛；内部构造：胚乳发达，胚埋在胚乳中间，卷曲成涡状，胚根突出于种子边缘。

（1）番茄　种子扁平，肾形；种皮为红、黄、褐等色，因被有白色绒毛，致使种子常呈灰褐、黄褐、红褐等色（图 2.6）。

（2）辣椒　种子扁平，较大，近圆形或圆角方形。新鲜种子为浅黄色，有光泽，陈种子为黄褐色。种皮厚薄不均，具有强烈辣味（图 2.7）。

图 2.6　番茄种子

图 2.7　辣椒种子

（3）茄子　种子扁平，形状有圆形及卵形两种。圆形种子的脐部凹入甚深，多数属长茄；卵形种子的脐部凹入浅，多数属圆茄。种皮黄褐色，有光泽，陈种呈褐色或灰褐色。种皮有突起网纹。

4. 豆科

豆科蔬菜种子，形状：球形、卵形、肾形及短柱形；颜色：因品种而异，有纯白、乳黄、淡红、紫红浅绿、深绿及墨绿等色，单色或杂色，有的具斑纹；表面状况：种皮坚韧，光滑或皱缩；内部构造：无胚乳，胚稍弯曲，有两枚肥大子叶。

（1）菜豆　种子肾形、卵形、圆球形；白色、黑色、褐棕黄色或红褐色，有斑纹或颜色纯净一致；种脐短而多为白色；种皮光滑具光泽（图 2.8）。

（2）豇豆　基本特征同菜豆，区别仅在于豇豆种皮有皱纹、光泽暗（图 2.9）。

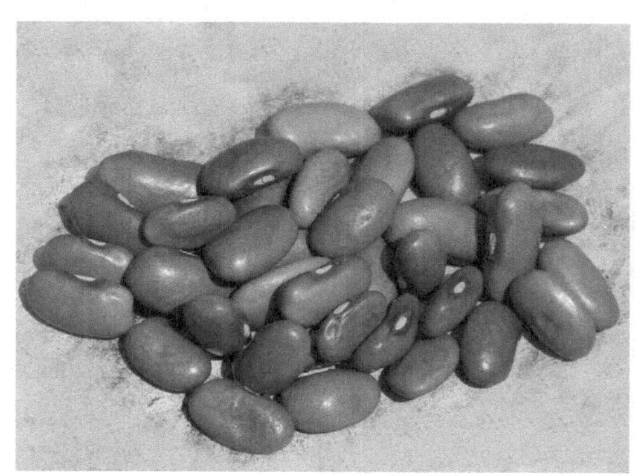

图 2.8　菜豆种子

图 2.9　豇豆种子

（3）豌豆　种子球形；土黄色或淡绿色；皱缩或光滑；种脐椭圆形，白色或黑色（图 2.10）。

（4）蚕豆　呈宽而扁平的椭球形，微有凹凸；种皮青绿或淡褐色；种子大；成熟种子的种脐黑色或与种皮同色（图 2.11）。

图 2.10　豌豆种子

图 2.11　蚕豆种子

5. 葱科

葱科蔬菜种子为球形、盾形或三角锥形；种皮黑色；平滑或有皱纹。单子叶，有胚乳，胚呈棒状或弯曲呈涡状。

（1）韭菜　种子扁平，盾形，腹背不明显；黑色；种皮皱纹多而细；脐面突出（图 2.12）。

（2）洋葱　种子三角锥形，背部突出，有棱角，腹部呈半圆形；种皮皱纹较韭葱少，较葱多，不规则；脐面凹很深（图 2.13）。

图 2.12　韭菜种子　　　图 2.13　洋葱种子

（3）葱　种子三角锥形，背部突出，有棱角，腹部呈半圆形；种皮皱纹少而整齐。

（4）韭葱　种子三角锥形，背部突出，有棱角，腹部呈半圆形；脐面凹，一端突出；种皮皱纹粗而多，呈波状。

6. 伞形科

伞形科蔬菜的农业种子属双悬果，由两个单果组成，为椭球体，黄褐色。果实背面有肋状突起，称果棱。棱下有油腺，各种伞形科蔬菜种子都含有特殊芳香油。每个单果含植物学种子 1 粒。胚位于种子尖端，种子内胚乳发达。

（1）芹菜　以果实作为农业种子。果实小，每个单果有白色的初生棱 5 条，棱上有白色种翼，次生棱 4 条，次生棱基部和种皮下排列着油腺（图 2.14）。

（2）胡萝卜　以果实作为农业种子。双悬果为椭球形至卵形，果皮黄褐或褐色，成熟后极易一分为二。每个单果有初生棱 5 条，棱上刺短或无，次生棱 4 条，上有 1 列白色软刺毛，邻近顶端之刺尖常为钩状，具油腺（图 2.15）。

（3）芫荽　以果实作为农业种子。双悬果为球形，成熟后双悬果不易分离。果皮棕色坚硬，有果棱 20 多条（图 2.16）。

（4）莳萝　以果实作为农业种子。果实较大，半长卵形（二个果实合成长卵形），果皮黄褐色，有果棱 13 条（图 2.17）。

图 2.14　芹菜的农业种子

图 2.15　胡萝卜的农业种子

图 2.16　芫荽的农业种子

图 2.17　莳萝的农业种子

7. 藜科

（1）菠菜　以果实作为农业种子。有两种，外观差异很大。其一，有刺菠菜（刺籽菠菜）亚种，果实为单果，较大，近菱形或多角形，灰褐色，果实表面有刺，果皮硬（图 2.18）；其二，无刺菠菜（圆籽菠菜）亚种，果实不规则形或球形，灰褐色，果皮硬（图 2.19）。

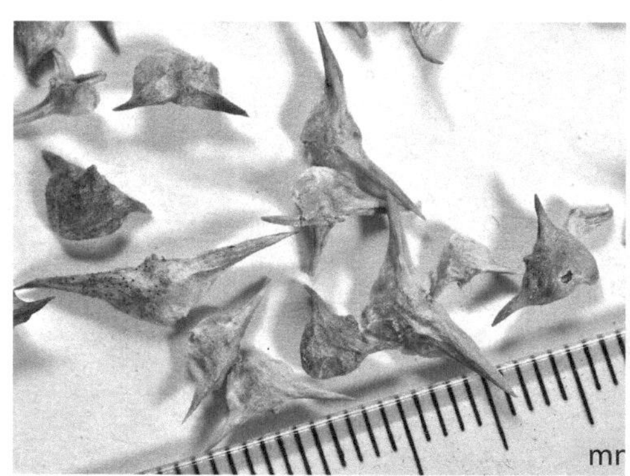

图 2.18　有刺菠菜的农业种子

图 2.19　无刺菠菜的农业种子

（2）叶恭菜　以果实作为农业种子。果实为聚合果，一般由 3 个果实结合成球状，表面多褶皱，灰褐色（图 2.20、图 2.21）。

图 2.20　叶恭菜的农业种子

图 2.21　叶恭菜的农业种子（放大）

8. 菊科

菊科蔬菜以果实为农业种子，下位瘦果，由二心皮的子房及花托形成，果皮坚韧。多数果实扁平。形状自梯形、纺锤形至披针形不等。果实表面有纵向果棱若干条。种皮膜质，极薄，不易和果皮分离，直生胚珠。一般子叶肥厚，无胚乳。

（1）叶用莴苣　叶用莴苣俗称生菜，其农业种子为果实，暗褐色或银灰色，梭形（图 2.22）。

（2）苦苣　果实短棱柱形，灰黄色，颜色不纯净，果实四周有纵行果棱 14 条，果实顶端有环状冠毛 1 束。

（3）莴笋　果实扁平，褐色，披针形，果实每面有纵行果棱 9 条，果棱间无斑纹。

（4）茼蒿　果实短柱形，黄褐色至深黑褐色，有棱（图 2.23）。

图 2.22　叶用莴苣的农业种子

图 2.23　茼蒿的农业种子

四、实习实训

（一）准备

1. 材料

由教师准备如下蔬菜的种子。

十字花科：结球大白菜（大白菜）、结球甘蓝、萝卜、芥菜。

葫芦科：黄瓜、西瓜、冬瓜、南瓜（中国南瓜）、西葫芦（美洲南瓜）、笋瓜（印度南瓜）、苦瓜、瓠瓜、丝瓜。

茄科：番茄、茄子、辣椒。

豆科：菜豆、豇豆、豌豆、蚕豆。

葱科：韭菜、大葱、洋葱。

伞形科：茴香、芫荽、芹菜、胡萝卜。

藜科：菠菜、叶菾菜。

菊科：叶用莴苣、苦苣、茼蒿。

2. 用具

体视显微镜、显微镜测微尺、放大镜、解剖针、游标卡尺、方格纸、镊子、刀片。

（二）步骤与内容

1. 形态特征认知

（1）初步观察　借助放大镜、体视显微镜，按对应的蔬菜植物学分科，将种子分组。识别各种蔬菜的植物学种子或农业种子，说出蔬菜名（种、变种或亚种名），形成感性认识，初步达到能根据种子外部形态进行种子识别的目标。

（2）外部形态描述　借助工具、仪器仔细观察各种蔬菜植物学种子或农业种子，分项描述其外部形态特征。

①形状　不管种子在果实中或植株上的位置如何，均以种脐朝下时的形状为准，着生种脐的一端为基端，另一端为顶端。描述形状要用几何术语，如球形、扁球形、三角形、椭球形、圆锥形、菱形等；也可以用实物类比的方法描述形状，如肾形、纺锤形、梭形、凸镜形、圆盘形、塔形等。

②大小　种子的大小建议以种体的长、宽、厚尺寸数值表示。其中，种子长度指胚根指向一端与其相对的另一端间的长轴长度，这个长度有可能小于

种子宽度。可以根据种子的大小或测量部位不同，分别使用卡尺、测量显微镜或显微镜测微尺进行测量，以厘米、毫米或微米作为单位。若种子滚动，不易测量，可将其摁入橡皮泥内加以固定。每种蔬菜测量发育正常的、有代表性的种子 5 ～ 10 粒，求取所得数据平均值。

③颜色　种皮颜色多种多样，如果种皮颜色单一或某颜色占绝大部分面积，则比较容易描述；如果种皮由两种或两种以上颜色混合，形成各种条纹或斑块，则需要注明；有的种子颜色随成熟度的增加而加深，斑纹也会发生变化，需要注明；成熟种子还会因贮藏条件的影响而发生颜色变化，也需注明。

描述种子颜色，主色为红、黄、绿、白、黑、灰、褐等，除主色外，还可根据色调倾向不同加以修饰，如红褐色、灰褐色、黄褐色、浅褐色等。此外，为避免个人领会上的不同，也可按通用色谱用比色法描述。

④表面特征　按本项目背景知识部分提供的方法描述种子表面特征。

表面起伏。观察种子表面各种起伏，如凹穴、沟、棱、肋、脉、皱、网纹及突起等。其中，网纹可分为若干类型，如正网纹和负网纹、单网状和复网状、网眼规则和不规则、网壁单层和双层、网壁薄和厚、网壁直和曲等。突起也可分为若干类型，如颗粒状、瘤状、疣状、圆头状、刺状、棒状、乳头状等。

附属物。观察种子表面是否有蜡层、刺、毛等，并进行描述。

种脐。观察种子，尤其是豆类蔬菜种子的种脐（或果脐）、种脊（或脐条、脐带）、种孔（或发芽孔）等结构的位置、形状、大小、颜色。

（3）内部结构观察　用解剖针和刀片，分别纵切已吸水膨胀的番茄、菠菜、菜豆、萝卜、黄瓜种子，在体视显微镜或放大镜下观察其胚的形态，并判断有无胚乳。

根据前述观察结果填写表 2.1。（注：学生需填写的内容包括教师提供的所有蔬菜的种子；本表仅为格式示例，需要自行另外绘制表格并根据实际需要增加表格行数。）

表 2.1　蔬菜种子形态特征记录表

蔬菜名称	所属科	形状	大小	色泽	表面特征	所属植物学器官	有无胚乳	气味

2. 绘图

手绘种子外观及内部构造图。借助体视显微镜或放大镜，用铅笔描绘出菜豆种子外部特征及内部构造，标注各部分名称。

3. 识别能力检测

借助体视显微镜、放大镜等仪器或工具，观察无标识种子标本，在教师的指导、监督下，检测学生种子识别的正确率（图 2.24、图 2.25）。

图 2.24　借助体视显微镜观察蔬菜种子

图 2.25　蔬菜种子的识别能力测验

五、问题思考

1. 在日常学习、生活中，有意识地根据种子（包括农业种子）外部形态特征，准确识别本项目涉及的所有蔬菜种子。

2. 以一种蔬菜种子为例，说明如何对蔬菜种子的外观特征进行准确描述。

项目3　蔬菜种子质量及活力测定

一、学习目标

了解蔬菜种子品质及活力测定在生产上的意义，掌握种子质量和种子活力的测定方法，从而在未来的种子生产及种子经营中，为种子精选、质量分级提供依据，并能够对种子进行科学的评价。

二、基本要求

（一）知识要求

1. 知识点

了解蔬菜种子净度、千粒质量、发芽率、发芽势计算方法和测定步骤。

2. 名词术语

理解下列名词或专业术语：种子质量、品种质量、播种质量、遗传特性、品种纯度、净度、含水量、饱满度、千粒质量、发芽率、发芽势、生活力。

（二）技能要求

能够进行蔬菜种子净度、千粒质量、发芽率、发芽势的测定操作。

三、背景知识

（一）种子质量的概念

1. 种子质量

广义的种子质量又称种子品质，包括种子的品种质量（品种品质）和播种质量（播种品质）两方面。

2. 品种质量

种子的品种质量指与遗传特性有关的种子品质，包括种子的真实性以及品种纯度。

3. 播种质量

种子的播种质量指种子播种后与田间出苗有关的质量，反映播种质量的指标有净度、饱满度（千粒质量）、含水量、发芽率、发芽势、出苗整齐度和幼苗健壮程度等。

（二）种子质量主要指标

生产中常用的种子质量指标主要有：净度、饱满度（千粒质量）、发芽率、发芽势、生活力。一般用物理、化学和生物学的方法测定。

1. 净度

种子的净度是反映种子干净程度的指标，指除去杂质和其他植物种子后留下的本蔬菜种子质量占供测样本总质量的百分数。种子之外的土块、杂草等其他植物种子、沙粒、石子、花器残体、杂草、植株残屑等都属于杂质。计算公式如下：

$$\text{净度}=\frac{\text{供试样本总质量}-\text{杂质质量}}{\text{供试样本总质量}}\times 100\%$$

2. 饱满度（千粒质量）

种子的千粒质量是反映种子大小和饱满度的指标，指 1 000 粒种子的质量，千粒质量越高说明种子越饱满，该指标也是用来估算播种量的依据。

3. 发芽率

种子的发芽率是指样本种子中能发芽种子粒数占种子总粒数的百分率。用下式计算：

$$\text{种子发芽率}=\frac{\text{发芽种子粒数}}{\text{供试种子粒数}}\times 100\%$$

4. 发芽势

发芽势是反映种子发芽速度和发芽整齐度的指标，指在规定的时间内（如瓜类、白菜类、甘蓝类、根菜类、叶菜类中的莴苣等定为 3 ～ 4 天；大葱、韭菜、菠菜、胡萝卜、芹菜以及茄果类蔬菜定为 6 ～ 7 天），发芽种子粒数占供试种子粒数的百分数。在说明某蔬菜种子发芽势时，应注明测试天数，以及测试条件，如测试环境温度、光照条件等。

5. 生活力

种子的生活力是指种子发芽的潜在能力。一般通过测定发芽率、发芽势等指标了解种子是否具有生活力以及生活力的高低。

测定时休眠的种子应先打破休眠。

在种子出口、调运或急等播种等情况下，可用快速方法鉴定种子的生活力，如化学染色法。常用化学试剂染色法，如四唑染色法（TTC 或 TZ）、靛红（靛蓝洋红）染色法，甚至可以用红墨水染色法。

在国际种子检验规程中，将四唑染色法列为农作物种子生活力测定的正式方法。可被种子吸收的四唑盐类能在种子活细胞里发生反应，起到指示剂的作用，有生活力的种子染色后呈红色，无生活力的种子则没有这种反应。

另外，因活细胞的原生质具有选择透性，某些苯胺染料如靛红、红墨水等不能渗入活细胞内而不染色，可依此判断种子生活力的有无（未染色或染色）或生活力强弱（染色浅或深）。

种子生活力影响着种子寿命和使用年限，一般贮藏条件下蔬菜种子的寿命和使用年限参见表 3.1。

表 3.1　一般贮藏条件下蔬菜种子的寿命和使用年限

蔬菜名称	寿命 / 年	使用年限 / 年	蔬菜名称	寿命 / 年	使用年限 / 年
大白菜	4 ～ 5	1 ～ 2	番茄	4	2 ～ 3
结球甘蓝	5	1 ～ 2	辣椒	4	2 ～ 3
球茎甘蓝	5	1 ～ 2	茄子	5	2 ～ 3
花椰菜	5	1 ～ 2	黄瓜	5	2 ～ 3
芥菜	4 ～ 5	2	南瓜	4 ～ 5	2 ～ 3
萝卜	5	1 ～ 2	冬瓜	4	1 ～ 2
芜菁	3 ～ 4	1 ～ 2	瓠瓜	2	1 ～ 2
根用芥菜	4	1 ～ 2	丝瓜	5	2 ～ 3
菠菜	5 ～ 6	1 ～ 2	西瓜	5	2 ～ 3
芹菜	6	2 ～ 3	甜瓜	5	2 ～ 3
胡萝卜	5 ～ 6	2 ～ 3	菜豆	3	1 ～ 2
莴苣	5	2 ～ 3	豇豆	5	1 ～ 2
洋葱	2	1	豌豆	3	1 ～ 2
韭菜	2	1	蚕豆	3	2
大葱	1 ～ 2	1	扁豆	3	2

四、实习实训

（一）准备

1. 教师准备

（1）材料　根据学校条件，准备下列至少两种蔬菜的种子：菜豆、豇豆、豌豆、甜瓜、西葫芦、南瓜、冬瓜、西瓜、黄瓜、茄子、番茄、辣椒、萝卜、结球大白菜、结球甘蓝。

瓜类或豆类蔬菜吸水膨胀的新种子和陈种子（贮藏 3 年以上的种子）。

（2）用具与试剂　恒温箱、棕色试剂瓶、直尺、刀片、剪刀、电炉、烧杯、量筒、盆、培养皿、纱布、标签、毛巾等。红墨水或 TTC（2，3，5- 氯化三苯基四氮唑）。

2. 学生准备

记录和计算用的纸、笔。

（二）步骤与内容

1. 种子净度测定

至少测量两种蔬菜种子的净度。

（1）取样　将样品置于光滑平坦的平面上，搅拌均匀。然后耙平，使之呈正方形，画对角线将样品分成四等份，用直尺除去上下对角线中的种子，将剩余种子混匀后再用画线法分离，如此重复直到达到所需要供试样品质量为止。

（2）试样称重　根据种子大小，称出种子 2 份，建议每份 50 克（小粒种子）至 500 克（大粒种子），个别种子 1 000 克。具体取样标准可参见表 3.2。

表 3.2　测定种子净度参考取样量

蔬菜名称	分析净度平均样品质量 / 克
豌豆、菜豆	1 000
叶菾菜	500
南瓜	500
西瓜	300
黄瓜	100
萝卜	50
甘蓝类蔬菜	50
茄子、番茄、辣椒	50
胡萝卜	50

（3）试样分离　将 2 份种子样品中的一份，倒在分析台上，利用镊子挑选，按顺序逐粒观察鉴定，将试样分离成纯净种子、杂质（含其他植物种子）两部分，分别放入相应容器并标记。再将 2 份样品中的另一份，按同样的方法操作。

（4）称量　分别称量每份样品的纯净种子质量、杂质质量，记入表 3.3。

注意，要核查纯净种子质量与杂质质量之和，与样品总质量进行比较，看差值是否超过 5%，如果高于此值，说明操作有错误或误差过大，应重新操作一遍。

（5）计算　按前述公式，分别计算 2 份种子净度，取其平均值作为被测种子净度，记入表 3.3。

表 3.3　种子净度测定记录表

种子名称	试样编号	试样总质量 / 克	纯净种子质量 / 克	杂质质量 / 克	净度 / %	净度平均值 / %

2. 种子千粒质量测定

至少测量两种蔬菜种子的千粒质量。

（1）取样　从纯净的种子中，不加挑选地数出 2 组试样，大粒种子每组 500 粒，中、小粒种子每组 1 000 粒。

（2）称量　按组分别用天平称试样质量，精度至少达到 0.1 克，如果测量差值不超过种子质量的 5%，则可以结束称量。如果超过允许误差，则需再次进行数粒、称量，直到差值在允许误差之内。将称量结果记入表 3.4。

（3）计算　如试样种子为 1 000 粒，则将其 2 份试样的质量平均，得到千粒质量。如试样非 1 000 粒，要将称量结果折算成 1 000 粒的质量，然后再将 2 份试样的数值平均，得到该蔬菜种子千粒质量。将各数值记入表 3.4。

表 3.4　种子千粒质量测定记录表

种子名称	试样编号	试样种子粒数 / 粒	试样种子质量 / 克	折合千粒质量 / 克	千粒质量平均值 / 克

3. 种子发芽率及发芽势测定

（1）发芽床准备　在培养皿中铺放 2 ～ 3 层滤纸，喷水浸湿，水量以培养皿倾斜而水不流出为度。

（2）种子准备　从纯净种子中取样，随机连续数取种子 2 ～ 4 份，作为检验样品，每份种子 50 粒（大粒）至 100 粒（小粒）。

（3）播种　将种子均匀排放于发芽床中。培养皿上贴标签，注明蔬菜种子名称、重复次数、播种日期等信息。然后将种子放在适宜的温度、光照条件的恒温箱或温室内发芽，具体环境参数设置参照表 3.5。

表 3.5　鉴定蔬菜种子发芽率及发芽势的条件

蔬菜种子	温度 /℃	光照	发芽势计算日数 / 天	发芽率计算日数 / 天
萝卜	20 ～ 30	黑暗	3	7
胡萝卜	20 ～ 30	黑暗	5 ～ 7	10 ～ 14
芦笋	20 ～ 30，变温	黑暗	10	21
叶用莴苣	20 ～ 30	黑暗、光	5	10 ～ 14
根用恭菜	20 ～ 30，变温	黑暗	4	8
白菜类蔬菜	20 ～ 30	黑暗	3	7
甘蓝类蔬菜	20 ～ 30	黑暗	3	7
菠菜	15 ～ 20	黑暗	5	14
芹菜	20 ～ 30，变温	光	7	14
莳萝	20 ～ 30，变温	黑暗	7	14
芫荽	20 ～ 25	黑暗	7	17
葱蒜类蔬菜	18 ～ 25	黑暗、光	5 ～ 6	12 ～ 20
番茄	20 ～ 30	黑暗	4 ～ 6	6 ～ 12
茄子、辣椒	25 ～ 30，变温	黑暗	7	14
黄瓜	20 ～ 30，变温	黑暗	4 ～ 5	8 ～ 10
越瓜、甜瓜	20 ～ 30，变温	黑暗	3	8
西葫芦、中国南瓜	20 ～ 30，变温	黑暗	3	10
冬瓜	25 ～ 30，变温	黑暗	10	10
瓠瓜	30 ～ 35，变温	黑暗	8 ～ 10	10
菜豆、豇豆	20 ～ 30	黑暗	4	8
扁豆	20 ～ 30	黑暗	4	10
蚕豆	20 ～ 30	黑暗	4	10
豌豆	20 ～ 30	黑暗	3 ～ 4	7 ～ 10

注：变温即 1 天内有 16 小时低温（20 ～ 25℃），8 小时高温（30℃）。

（4）管理　发芽期间，每天早晨或晚上检查温度，并适当补充水分，通风透气。在恒温箱底部放一个定期换水的水槽，从而保持箱内的湿度。

发现霉烂种子随时拣出登记，有 5% 以上种子发霉时，应更换发芽床，种皮上生霉时可在洗净后仍放在发芽床上。

（5）发芽情况统计　种子的胚根长度达到种子长度的一半时，可以认为是发芽的种子。凡有下列情况之一者，都记为不发芽种子：其一，没有幼根或有根而无芽者；其二，种子柔软、腐烂而不能发芽者；其三，幼根和幼芽为畸形者；其四，豆科中不发芽也不腐烂的硬粒种子。记入表 3.6。

（6）计算　根据公式计算出所测种子发芽率和发芽势，填写表 3.6。

表 3.6　测定发芽势和发芽率记录表

种子名称	试样编号	温度	发芽床	发芽试验日数对应发芽种子数 / 粒								未发芽数 / 粒					发芽势		发芽率	
				2天	3天	4天	5天	6天	7天	8天	9天	霉烂	瘪种	虫伤	畸形	其他	天数	平均/%	天数	平均/%

4. 种子生活力测定

（1）取样　随机取 2 份吸水膨胀的种子和煮死的种子，每份 100 粒（大粒种子取 50 粒）。种子去皮，然后沿种胚中央准确切开，取一半放入培养皿备用。

（2）染色　将种子分别浸于 0.5% ～ 1% 的 TTC 溶液、0.1% ～ 0.5% 靛蓝洋红溶液、稀释的红墨水（药水比为 1∶20）中染色，染色时间、温度参见表 3.7，其中 TTC 染色要在 35 ～ 40℃的恒温箱中进行。

表 3.7　豆类、瓜类种子生活力测定方法

种类	种子处理	TTC 法（35 ～ 40℃）		靛红法（室温）		红墨水法（室温）	
		浓度 / %	染色时间 / 小时	浓度 / %	染色时间 / 小时	药∶水	染色时间 / 小时
豌豆	软化、去皮、纵切	1.0	1 ～ 2	0.1	1	1∶20	2 ～ 3
菜豆	软化、去皮、纵切	1.0	1 ～ 2	0.1	1 ～ 2	1∶20	2 ～ 3
黄瓜	软化、去皮、纵切	0.5	1 ～ 2	0.5	1	1∶20	1
西瓜	软化、去皮、纵切	0.5	1	0.5	1	1∶20	1
西葫芦	软化、去皮、纵切	0.5	1 ～ 2	0.5	1	1∶20	1

（3）统计生活力　取出种子反复冲洗，冲掉多余的红墨水或 TTC，然后逐个检查染色情况，分别统计胚部呈红色、浅红色、未染色的种子数。分别计

算 3 种染色情况所占总种子粒数的百分数。

红墨水未染色或 TTC 染红色的种子生活力强，红墨水染红色或 TTC 未染色的种子为死种子，胚部浅红色的种子生活力弱，但能发芽。

五、问题思考

1. 发芽试验方法和染色法鉴定种子生活力，各有哪些优缺点？
2. 种子发芽率和发芽势的含义、测定方法、测定目的有何不同？

项目4　黄瓜器官形态及其特性认知

一、学习目标

从植物学尤其是植物形态学的角度，学习黄瓜的植物学特征，了解黄瓜植株的构成，了解黄瓜各个器官的形态特征，掌握相关名词、术语，进而理解形态特征对应的生态特点，为将来在黄瓜生产中采取针对性的栽培措施打下基础。

二、基本要求

（一）知识要求

1. *知识点*

了解黄瓜植株的构成器官，掌握黄瓜各器官的形态特征。理解黄瓜花芽分化、性型分化、单性结实的概念以及在生产上的意义。

2. *名词术语*

理解下列名词或专业术语：根系、胚根、主根、侧根、不定根、木栓化；蔓性、主蔓、侧蔓、分枝习性、顶端优势；厚角组织、环管纤维、筛管、皮层、髓腔、维管束、内韧皮部、木质部、外韧皮部；子叶、真叶、互生、叶缘、光合强度、叶龄、叶片寿命、叶面积、叶面积指数；花型、两性花、单性花；花梗、花冠、花冠裂片、花萼、花萼裂片、花托；雄花、雄蕊、花丝、花药、药隔；雌花、雌蕊、子房、心室、胎座、花柱、柱头；株型、雌雄同株异花型、雄性型、两性花型、雌全同株型、雄全同株型、三性同株型；花芽分化、性型分化、单性结实、第一雌花、节位；夜温、光周期、短日照；植物生长调节剂、乙烯利；瓠果、假果、外果皮、内果皮、中果皮。

（二）技能要求

能够识别黄瓜各器官及其组成部分。能够表述各器官所属类型。能用专业术语描述各器官、各类型、各器官构成部分的特征。能根据植物学特征关联相应的栽培措施。

三、背景知识

黄瓜为葫芦科、黄瓜属一年生、蔓性或攀缘性草本植物，植株由根、茎、花、叶、卷须、果实等构成。

（一）根

1. 形态

（1）主根（初生根）　主根是指由种子胚根直接发育而成的根。主根垂直向下生长，成龄植株主根自然伸长可达 1 米以上，但生产实践中，主要根群分布在 20 厘米的耕层中。

（2）侧根（次生根）　主根长出后，其上出现分叉，形成第一级侧根，第一级侧根上再分叉，形成第二级侧根，以此类推。黄瓜的侧根横向伸展（图 4.1）。

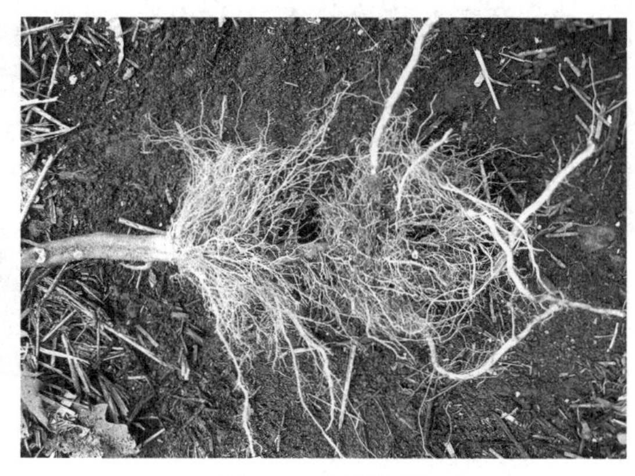

图 4.1　黄瓜根系

（3）不定根　不定根指从茎的不同部位发生的根系，以茎基部发生较多。相对来说，不定根要比定根（主、侧根）更强壮。

2. 特点

（1）根量少且分布浅　黄瓜起源于喜马拉雅山南麓的热带雨林气候区，所处环境炎热潮湿，土壤肥沃，有机质含量高，在此条件下，黄瓜的根系吸收水分和土壤腐殖质中的养分比较便利，无须向更深、更广处去大范围地吸收水肥。因而，黄瓜在进化过程中，逐渐形成了较弱的根系，表现为根量相对较少，根系结构稀疏松散，在土壤中分布浅。这种浅根性决定了根系的喜湿性和好气性。

（2）根系木栓化早　根系木栓化比较早，断根后再生能力差，主根受伤以后再难发生侧根。

（3）好气　黄瓜根系浅，呼吸作用旺盛，一般不能忍受土壤空气含量少于 2% 的低氧条件，而以土壤含氧量 15% ～ 20% 为宜。

（4）易发生不定根且不定根生长旺盛　黄瓜的定根根量少，活力差。但黄瓜茎基部上容易大量产生不定根，且不定根生长速度很快。

（二）茎

1. 形态

茎通常有 5 条纵棱，表面有白色的糙硬刚毛，茎中空（图 4.2）。

茎由表及里分为厚角组织、皮层、环管纤维、筛管（分布于厚角组织和环管纤维内外）、维管束和髓腔。维管束又由外韧皮部、木质部和内韧皮部构成（图 4.3）。

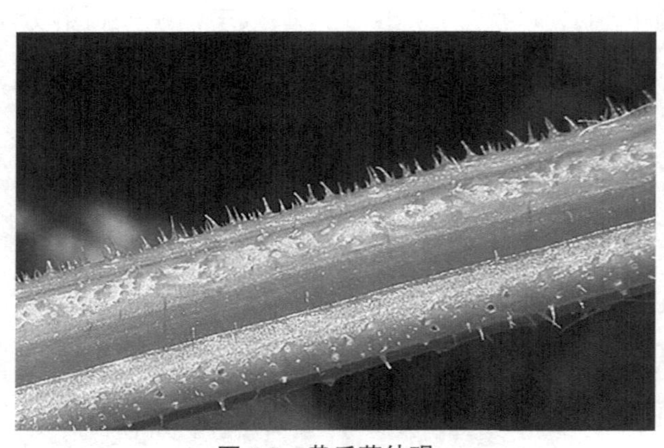

图 4.2　黄瓜茎外观

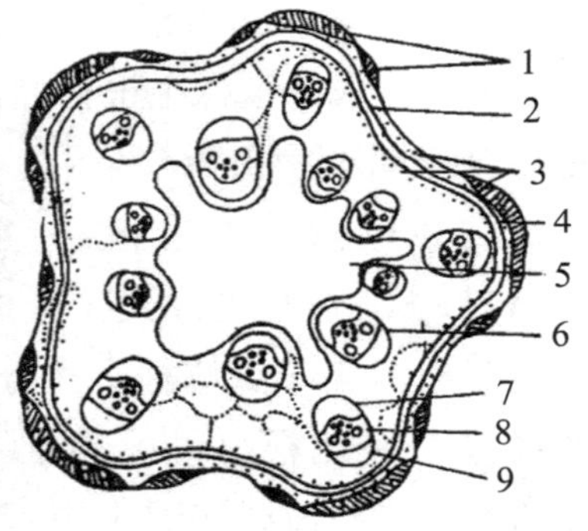

1. 厚角组织；2. 环管纤维；3. 筛管；4. 皮层；5. 髓腔；6. 维管束；7. 内韧皮部；8. 木质部；9. 外韧皮部

图 4.3　黄瓜茎内部结构

2. 蔓性

黄瓜的茎属于攀缘性蔓生茎，不能直立生长，栽培中需要搭建支架或吊架。

茎细长，长度会因品种、环境、营养和水分等因素而不同，一般条件下长度在 5 米以上。茎长不利于水分和养分的输导，不易保持植株的水分平衡。茎较粗，健壮植株茎粗达 1 厘米以上。

3. 分枝习性

黄瓜的茎具有顶端优势，也具有较强的分枝能力，主蔓上可以长出侧蔓，侧蔓还可以再生侧蔓，形成孙蔓（图 4.4）。侧蔓数目的多少主要与品种特性有关，当前多数黄瓜品种侧蔓较少，以主蔓结瓜为主，对那些侧蔓结瓜类型的品种栽培上要进行多次摘心。

4. 特点

黄瓜茎蔓伸长比其他瓜类蔬菜要早，幼苗的茎对光照和温度十分敏感，持续高温和光照不足，茎容易徒长，因此，育苗时更应重视防止徒长。

黄瓜茎蔓比较脆弱，常易受到多种病害的侵害和机械损伤。

黄瓜茎的输导组织性能良好，即使黄瓜生长期长，植株也不易衰老。

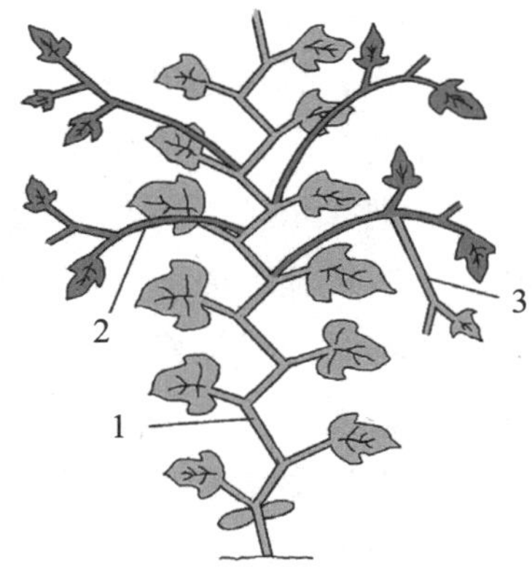

1. 主蔓；2. 侧蔓；3. 孙蔓

图 4.4　黄瓜分枝习性

（三）叶

1. 子叶

黄瓜是双子叶植物，子叶对生，呈长椭圆形，肥大，色深，平展（图4.5）。

子叶的生长状况取决于种子本身和栽培条件，种子发育不充实容易导致幼苗子叶瘦弱畸形。此外，子叶的形状、姿态能在一定程度上反映栽培条件的适宜程度。

图 4.5　黄瓜幼苗（子叶）

2. 真叶

（1）形态　真叶互生。叶柄稍粗糙，有刚毛，长 10 ～ 16 厘米。叶片呈五角心脏形（或称宽卵状心形、五角掌状），3 ～ 5 个角或浅裂，先端急尖或渐尖，基部弯缺半圆形，有时基部向后靠合。叶片较大，长、宽均 7 ～ 20 厘米，叶面积 400 ～ 600 平方厘米。较薄，两面甚粗糙，有刚毛。叶缘有缺刻，细锯齿状（图 4.6）。

图 4.6　黄瓜真叶

（2）特性

①光合强度随叶龄变化　黄瓜叶片的光合强度与叶龄有关。光合强度随叶龄逐渐提高，叶片展开 10 天左右达到最大叶面积时，光合强度也达到最高水平，维持 30 ～ 40 天后逐渐降低，也就是说叶龄 10 ～ 50 天为光合强度最佳叶龄。在设施环境下，黄瓜叶片寿命长达 120 ～ 150 天。生长后期的老龄叶片光合作用弱，消耗养分水分多，影响通风透光，易感病，应及时予以摘除。叶面积指数以 4 ～ 5 比较适宜。

②蒸腾量大　黄瓜叶片大而薄，蒸腾能力较强，因此，栽培上要保证充足的水分供应。温室内的黄瓜夜间会从叶缘吐水、吐盐。

③叶片脆弱　黄瓜叶片对营养要求高，而本身积累营养物质的能力又较弱，导致叶片脆弱，极易受到病虫、有害气体伤害及机械损伤。

（四）花

1. 形态

黄瓜栽培品种的花绝大多数为单性花，即一朵花中只有雄蕊或只有雌蕊，从而分为雌花和雄花，偶尔也有两性花。花萼和花冠均为五裂，花萼绿色有刺毛，花冠黄色。

（1）雄花　雄花常数朵在叶腋簇生。花梗纤细，长 0.5 ～ 1.5 厘米。花萼筒狭钟状或近圆筒状，长 8 ～ 10 毫米，花萼裂片钻形，开展，与花萼筒近等长。花冠黄色或黄白色，长约 2 厘米，花冠裂片长圆状披针形，急尖。有雄蕊 3 ～ 5 枚，花丝近无，花药长 3 ～ 4 毫米，药隔伸出（图 4.7）。

（2）雌花　雌花单生或稀簇生，花梗粗壮，被柔毛，长 1 ～ 2 厘米。外观上看，雌花在花冠之后带有子房（小黄瓜），子房下位，纺锤形，粗糙，有小刺状突起。子房一般有 3 个心室，也有的为 4 ～ 5 个心室（图 4.8）。花柱较短，柱头三裂。

图 4.7　黄瓜雄花

图 4.8　黄瓜雌花

2. 特性

（1）株型　植株因具不同花型而有不同株型之分。多数黄瓜属雌雄同株异花型（雌雄同株型），每棵黄瓜上既有雌花又有雄花。

此外，还有雄性型，即单一着生雄花。两性花型，只着生两性花。雌全同株型，雌花与两性花混生。雄全同株型：雄花与两性花混生。三性同株型：三种花型生于一株。

（2）着生规律　植株上花的着生和开花顺序，通常都是由下而上进行的。黄瓜主蔓上第一雌花的节位与早熟性有很大关系。通过调控环境或叶面喷施植物生长调节剂可影响雌花和雄花的比例。

（3）花芽分化　花芽分化始于种子发芽后 10 天左右，当第 1 片真叶展开时，其生长点已经分化出 12 节；第 2 片真叶展开时已分化至 14 ～ 16 节。诱导黄瓜花芽分化的外因主要是夜温和光周期。在幼苗花芽分化期，给予适宜的低夜温和短日照，即能促进花芽分化。

（4）性型分化　在黄瓜花芽分化初期表现为两性花，性别尚具有可塑性。当条件有利于向雌性转化时，雄性器官退化，形成雌花。反之，则形成雄花。

一般地，在黄瓜幼苗第 1 片真叶出现时（或称为 2 片子叶展足时），已经开始花芽分化，但性型未定；当第 2 片真叶展开时，花芽已分化了 14 ～ 16 节，此时第 3 ～ 5 节花的性型已定；到第 7 片真叶展开时，花芽已分化 26 节，第 16 节以下的花芽性型已定。

影响性型分化的因素很多。与品种有关，早熟品种雌花节位低，雌花出现早；低夜温有利于雌花分化；短日照有利于雌花分化；较高的空气湿度和土壤湿度有利于雌花分化；较高浓度的二氧化碳有利于雌花形成；植物生长调节剂，如乙烯利、萘乙酸、2，4-D、吲哚乙酸和矮壮素等，都有促进雌花分化的作用，而赤霉素则利于雄花形成。

（5）单性结实　黄瓜的结果特性比较特殊，雌花可以不经过授粉、受精而形成果实，这一特性称为单性结实。

①优点　单性结实能使黄瓜在密闭而无传粉条件的设施里结瓜；果实内没有种子，能改善品质；节省养分，有利于高产。

②影响因素　影响单性结实能力的因素主要有品种、栽培条件和植株生理状态。

品种。单性结实的特性在遗传性上受单性结实基因的控制。单性结实现象在各品种之间存在着很大差异，多数黄瓜可以单性结实，但有些品种不经授粉则化瓜多，经虫媒授粉后才能结瓜。耐寒、耐弱光品种和华南型品种单性结实力较强；而夏秋栽培的喜长日照的华北型品种单性结实力较弱。

栽培条件。在肥水充足、光照较强条件下黄瓜往往表现出较强的单性结实力。

生理状态。黄瓜植株下部节位的雌花的单性结实能力相对较弱，而雌花节位越高则单性结实能力越强。

（五）果实

1. 形态

黄瓜果实为瓠果，长棒形或短棒形。不同生态型黄瓜果实颜色差异较大，幼嫩果实呈乳白色、淡黄色、黄绿色至深绿色。普通黄瓜品种果面粗糙，多数品种果面有白色、褐色或黑色的具刺尖的瘤状突起，也有的比较平滑。有的果实有来自葫芦素的苦味。

黄瓜果实是子房下陷于花托之中，由子房与花托合并发育形成的，在植物学上属于假果。剖视可见果实有 3 个心室，种子着生在腹缝线上。侧膜胎座，胎座肉质化，特别发达，外果皮、内果皮、中果皮均肉质化，为主要食用部分（图 4.9、图 4.10）。

图 4.9　黄瓜果实

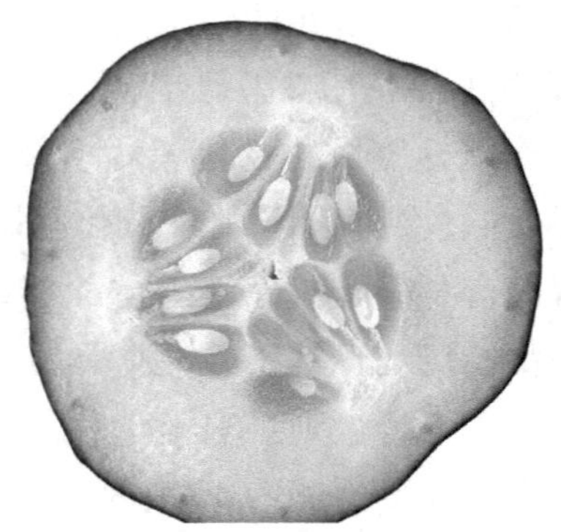

图 4.10　黄瓜果实内部状态

2. 特性

果实的细胞分裂在开花前进行，开花后主要是细胞膨大。在营养充足的情况下，即使不授粉，果实也可以长得很好。茎蔓上部结瓜时，植株下部的叶腋仍可能再次产生雌花并结瓜，即“回头瓜”，回头瓜的商品性同样主要取决于植株的营养状况。

（六）种子

1. 形态

黄瓜种子小，长约 5 ～ 10 毫米，黄白色或白色，扁平，长椭圆形（狭卵形），两端近急尖。

2. 特性

（1）寿命　寿命一般 3 ～ 5 年，隔年的种子比当年的新种子发芽更整齐，出苗更早，所以栽培时选择 2 ～ 3 年的种子最好。

（2）饱满度　黄瓜种子的千粒质量为 23 ～ 42 克，设施栽培条件下，每 666.7 平方米（1 亩）栽培面积的用种量一般为 150 克左右。

四、实习实训

（一）准备

1. 教师准备

（1）材料　准备带有子叶的黄瓜幼苗。准备带有花、果、根的结果期黄瓜植株，要将植株尽量多地带根挖出，泡掉土壤，清洗干净。单独准备不同开放状态的黄瓜雄花、雌花。准备商品成熟的黄瓜果实。准备黄瓜叶片。

如果没有条件准备上述材料，可以用彩色图书、彩色挂图、塑封纸质彩色照片、数码照片（课件）代替。

（2）用具　准备体视显微镜、放大镜。准备美工刀片。准备经清洗消毒的托盘、砧板、餐刀，方格纸（坐标纸）。

2. 学生准备

记录纸，铅笔，如果条件许可，建议准备数码相机或智能手机。

（二）内容与步骤

1. 观察植株

（1）观察　在实训室或实习实训基地，观察黄瓜植株，在教师的指导下，识别根、茎、花、叶、果、卷须。

（2）拍照　对黄瓜幼苗或植株各器官拍照，在照片上标注上述器官名称，保存，留待复习之用。

（3）绘图　参照图 4.11、图 4.12，用铅笔手绘黄瓜植株，尽量准确地绘出黄瓜各个器官，并进行标注。绘制时注意，各器官的相对位置、相对大小要尽量准确，要尽量描绘出各个器官的特征，尤其注意结瓜位置和侧蔓着生位置要准确。

图 4.11　黄瓜生长进程示意图

2. 观察根

从植株茎基部把黄瓜根系切下，放于清水中，使根系舒展，观察其形态、颜色、长短、粗细。

识别主根、侧根，观察茎基部是否有不定根。

3. 观察茎

识别茎上的各级侧蔓，注意其着生位置，理解茎的分枝习性。观察茎顶端状态。观察茎的外观，认识茎上的纵向棱，观察刚毛。

手捏茎段，弯折茎，感觉茎的蔓性。

测量茎的长度、粗度。

之后用刀切削，横切、斜切、纵切，观察茎的木质化程度。借助放大镜、体视显微镜，识别茎的维管束和髓腔，重点识别维管束的外韧皮部、木质部和内韧皮部。

4. 观察叶

观察叶片整体形状，颜色。观察叶缘锯齿状缺刻。观察叶脉分布情况。观察叶绒毛。

用铅笔、纸，参照图 4.12，绘制叶片形态，拍照保存。

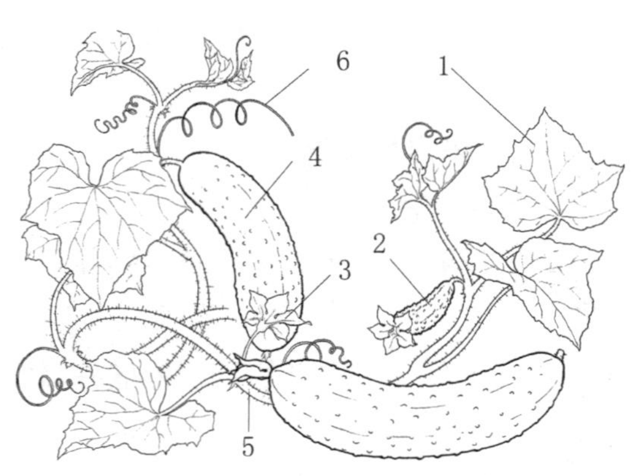

1. 叶片；2. 雌花；3. 雄花；4. 果实；5. 茎；6. 卷须

图 4.12　黄瓜植株地上部分各部形态图

5. 观察花

（1）观察　观察黄瓜花，识别黄瓜雄花、雌花。

观察雄花，识别雄花结构，包括花冠、萼片、雄蕊。

观察雌花，识别雌花结构，包括花冠、子房等，切开子房，借助放大镜或体视显微镜观察胚珠。

（2）拍照　拍照，然后在照片上标注花器各部分名称。

（3）绘图　手绘雌花、雄花形态图，注意花器结构，标注各部分名称。

6. 观察果

（1）观察

①着生位置　观察黄瓜果实在植株上的着生位置（图 4.13）。

图 4.13 黄瓜果实着生位置

②外部形状　取黄瓜果实，观察外观，认知黄瓜的果实为瓠果，由子房和花托一并发育而成。观察不同品种果实的长短、颜色深浅、刺瘤有无或大小、刺色有黑褐白差异、果皮薄厚、果肉薄厚等。

③内部结构　将黄瓜果实纵切、横切，认识果皮、胎座、心室、种子。

（2）拍照　对纵切的果实内部拍照，标注各部分名称。

（3）绘图　绘制果实剖面图，标注各部分名称。

7. 观察种子

纵切黄瓜果实，观察种子着生位置和分布情况，粗略估计每个果实所含种子数。观察黄瓜成熟种子外部形态。

五、问题思考

1. 如何根据黄瓜的植物学特征，调控设施栽培环境，以适应黄瓜生长发育需要，从而达到高产优质的目的？

2. 以黄瓜叶片为例，分析黄瓜器官形态特征对环境的适应性。

3. 黄瓜雌花的单性结实能力强弱，在生产上有何意义？

项目5　番茄器官形态及其特性认知

一、学习目标

从植物学尤其是植物形态学的角度，学习番茄的植物学特征，掌握番茄各器官的构成、形态及其特性，理解相关名词、术语，进而理解形态特征所对应的生态特点，为将来生产中采取针对性的栽培措施打下基础。在此基础上，能够通过自学，理解其他茄果类蔬菜的植物学特征。

二、基本要求

（一）知识要求

1. *知识点*

理解植物学特征的概念。掌握番茄植株的构成及各器官构成，掌握番茄各器官的形态特征。

2. *名词术语*

理解下列名词或专业术语：根、茎、花、叶、果、种子；直根系、主根、侧根、不定根；半直立型（半蔓生型）、直立型、分枝习性、有限生长型、无限生长型、自封顶、分枝类型、合轴分枝（假轴分枝）、主茎、侧芽、侧枝；移栽、扦插、吊蔓、支架、吊架、整枝；单叶、叶轴、裂片；花序、总状花序、聚伞花序、单歧聚伞花序、二歧聚伞花序、花序轴；花冠、花瓣、花梗、萼片、离层；两性花、完全花、自花授粉、雄蕊、雌蕊、子房、胚珠、花药、授粉、受精；大果型番茄、浆果、果皮、外果皮、中果皮、内果皮、胎座、果肉、心室、种子。

（二）技能要求

能够识别番茄各器官及其构成部分。能够理解番茄各器官所属类型。能用专业术语描述番茄各器官及其构成部分的特征。能根据番茄的植物学特征理解其关联的栽培措施。

三、背景知识

（一）植物学特征的概念

植物学特征，指某种植物各个器官如根、茎、花、叶、果的构成、形态特征及特性。

（二）番茄的植物学特征

1. 根

（1）根系构成　番茄的根系属于直根系，由胚根发育而成，包括主根、侧根。茎上还能发生不定根。

（2）主要特征

①根系发达　根系分布广而深。主根深入土中可达 1.5 米以上，根系开展幅度可达 2.5 米左右，大部分根群分布在 30 ～ 50 厘米的土层中。因此，番茄根系吸收水肥能力强，耐肥能力强；半喜湿半耐旱（图 5.1）。

图 5.1　番茄植株

②根系再生能力强　当主根被截断时易生侧根，因此，育苗过程中可以多次移栽，移栽后容易成活。

③易生不定根　番茄茎上，尤其是茎基部，容易发生不定根（图 5.2）。不定根具有吸收功能和支撑作用。正因为这一特点，番茄可以通过扦插方式繁殖；还可以通过培土、压蔓及徒长苗“卧栽”等措施，诱发不定根，防止倒伏，增强植株吸收能力。

图 5.2　番茄扦插的茎上长出不定根

2. 茎

（1）直立型　番茄茎基部木质化，因此从直立型角度讲，番茄植株多属半直立型，少数类型番茄为直立型。至少对于半直立型番茄植株而言，栽培过程中需要支架或吊蔓。

（2）分枝能力　番茄茎的分枝（侧枝萌发）能力强，每个叶腋都能发生分枝，且侧枝生长迅速，能开花结果。为此，生产中需要进行整枝，即摘除无用的侧枝，通过整枝调整株型及调控营养生长和生殖生长间的平衡。

（3）顶芽生长习性　按茎的顶芽的生长习性，可将番茄分为有限生长型和无限生长型两种（图 5.3）。

①有限生长型　有限生长型又称自封顶生长类型，这种类型的番茄在主茎（主干）着生 2 ～ 4 个花序后，主茎顶端分化形成花芽，并长成花序，导致茎不再继续延伸，也就是不再发生延续枝。有限生长型的品种，植株相对矮小，开花结果时期集中，表现出早熟特性，适合矮架密植栽培或无支架栽培。

图 5.3　番茄茎生长习性示意图

②无限生长型　无限生长型又称非自封顶生长类型，这种类型的番茄在主茎上着生第一花序之后，顶芽继续、交替分化花芽和叶芽，每隔 2 ～ 3 片叶着生 1 个花序，主茎不断延伸生长，条件适宜时可无限着生花序，不断开花结果。无限生长型的番茄品种，植株高大，生育期长，成熟期偏晚，产量高，适合稀植，栽培过程中需要搭建支架或吊架。

（4）分枝类型　在植物学上，番茄植株的分枝类型属于合轴分枝，即当主茎生长到一定节位后，顶端形成顶生花芽，花芽相邻的侧芽代替主茎继续生长，长出 1 ～ 3 片叶后，顶端又形成花芽，按此规则依次延伸（图 5.4）。也就是说，表面上看到的一条番茄主茎，实际是由多级分枝组合而成的。

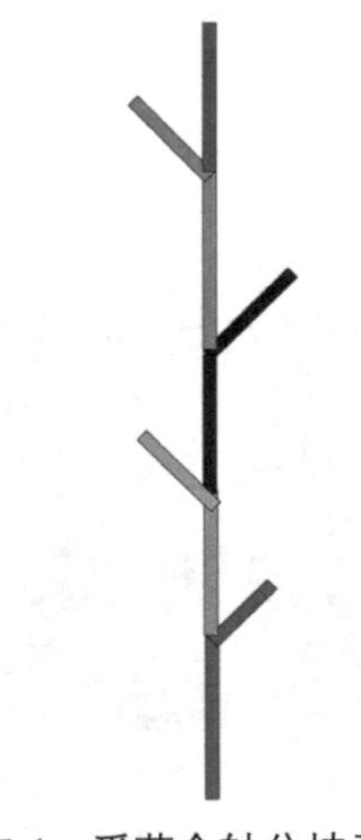
图 5.4　番茄合轴分枝示意图

无限生长型的番茄在茎端分化第一个花穗后，其下的一个侧芽生长成强盛的侧枝，与主茎连接而成为合轴（假轴），第二穗及以后各穗的侧芽都如此产生，因此，假轴无限生长。有限生长型的植株则在发生2～5个花穗后，花穗下的侧芽变为花芽，不再长成侧枝，因此，假轴不再伸长。

3. 叶

番茄的叶为单叶。羽状深裂或全裂，叶轴上着生裂片，每片叶有小裂片5～9对，小裂片因叶的着生部位不同而有很大差别（图5.5）。

叶的缺刻大小、形状、颜色与品种有关，可据此区分品种。叶片上有绒毛和分泌腺，能释放特殊气味，有一定驱避害虫的作用。

图5.5　番茄的叶

4. 花

（1）花的形态与结构　番茄的花由花梗、萼片、花瓣、子房（含胚珠）、雌蕊（柱头和花柱）、雄蕊（花药和花丝）构成（图5.6）。花冠指一朵花的所有花瓣，番茄花冠呈黄色。萼片绿色。每朵花的花梗（花柄）处有离层，在环境条件不利于花器发育时，离层细胞分离，导致落花。

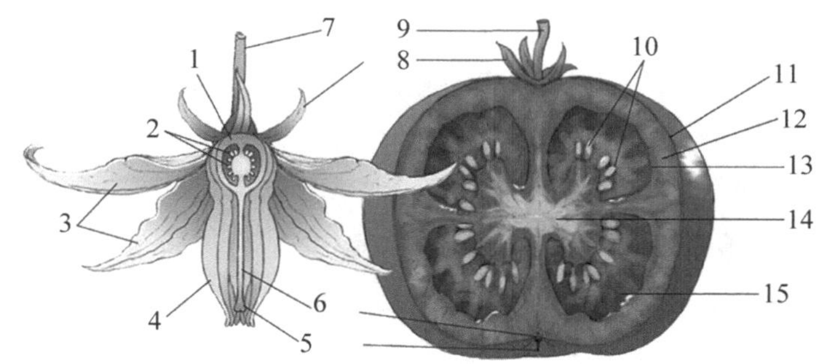

1. 子房；2. 胚珠；3. 花瓣；4. 雄蕊；5. 柱头；6. 花柱；7. 花梗；8. 萼片；9. 果梗；10. 种子；11. 外果皮；12. 中果皮；13. 内果皮；14. 胎座；15. 心室

图5.6　番茄花和果实的结构

（2）花的类型　番茄的花是具有雄蕊和雌蕊两性器官的两性花，属于完全花。自花授粉。

（3）花序类型　花序着生于叶腋。一般大果型番茄每个花序上着生 5 ～ 10 朵花，而有些小果型番茄每个花序可能着生 30 朵以上。

普通番茄通常为聚伞花序，主要是单歧聚伞花序和二歧聚伞花序；樱桃番茄多为总状花序。

①聚伞花序　位于花序最内或中央的花最先开放，然后侧面的花陆续开放的花序，称为聚伞花序。聚伞花序中的每个顶生花仅在一侧有分枝，这样的聚伞花序称为单歧聚伞花序。聚伞花序中每次中央一朵花开后，两侧各产生一个分枝，这样的聚伞花序称为二歧聚伞花序（图 5.7、图 5.8）。

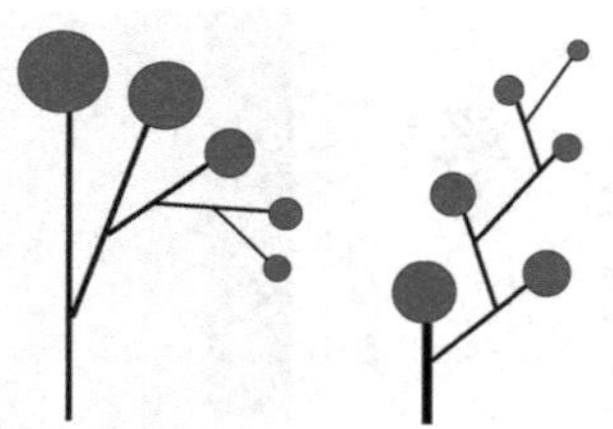

a. 单歧聚伞花序（左：螺旋状单歧聚伞花序，右：蝎尾状单歧聚伞花序）

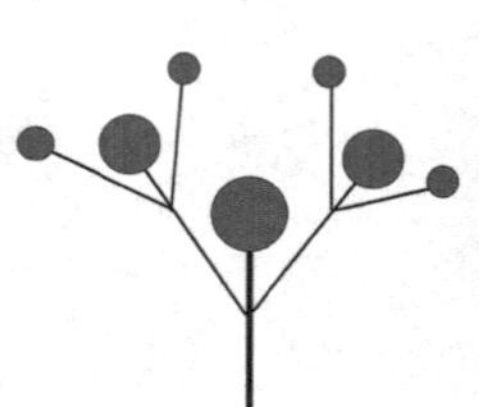

b. 二歧聚伞花序

图 5.7　聚伞花序示意图

图 5.8　普通番茄的单歧聚伞花序

②总状花序　总状花序指花排列在一条不分枝且较长的花序轴上的花序，每朵花的花梗在长成后长度基本相同（图 5.9）。

图 5.9　总状花序示意图

（4）结实习性　番茄在开花后，要经过授粉、受精才能形成坐果；在条件不适宜，授粉、受精受阻的情况下，亦可用植物生长调节剂处理的方法促进坐果。

5. 果

（1）构成　番茄果实属于浆果，由果皮、胎座、种子、心室等部分构成（图 5.6）。其中果皮又分为外果皮、中果皮、内果皮。供食用的果肉由果皮及胎座构成。果实内部有 2 ～ 7 个心室。果实形状、大小、颜色、心室数与品种有关。

（2）颜色　在成熟过程中，果实颜色会发生变化。成熟果实的颜色有红色、粉红色、金黄色、橙黄色、淡黄色、绿色、白色、咖啡色等颜色，以红色或粉红色为多。

（3）果形　番茄果实形状多样，有球形、高球形、长球形、扁球形、梨形等。

（4）体积　可以人为地将番茄果实按体积分为大、中、小 3 种类型，习惯上，单果质量 70 克以下为小型果，70 ～ 200 克为中型果，200 克以上为大型果。

6. 种子

番茄种子外观呈灰褐色至黄褐色，短卵形，表面有微细绒毛。果实内的种子受到果汁中所含抑制发芽物质和果汁渗透压影响，不能在果实内发芽。种子千粒质量 3 ～ 3.3 克。

四、实习实训

（一）准备

1. 教师准备

准备带有花、果、根的完整番茄植株，包括有限生长型、无限生长型植株。获取植株时，要注意将植株尽量多地带根挖出，用水泡掉土壤，清洗干净。单独准备不同开放状态的花器。准备成熟的番茄果实。准备番茄叶。

如果没有条件准备上述材料，可以用彩色图书、彩色挂图、塑封纸质彩色照片、数码照片（课件）、标本代替。

准备体视显微镜、放大镜，美工刀、刀片，经清洗消毒的托盘、砧板、餐刀，方格纸（坐标纸）。

2. 学生准备

记录纸，绘图铅笔。另外建议准备拍照设备，如数码相机或智能手机。

（二）内容与步骤

1. 观察植株

（1）识别　在实训室或实习实训基地，观察番茄植株。在教师的指导和辅助下，识别番茄植株的根、茎、花、叶、果。

（2）拍照或绘图　将番茄植株，以及经切取的根、茎、花、叶、果，分别放在颜色单一、质地平滑的背景上拍照。在照片上标注上述器官的名称。

或手绘前述植株及各器官。绘制时，注意画出植株及各器官的特点，注意相互间的比例关系，注意相对位置要准确，尤其是结果位置和侧枝着生位置。在图上进行标注。

2. 观察根

识别主根、侧根、不定根，思考各种根分别是由种子哪一部分发育来的或植株哪一部分长出的。重点要对番茄萌生侧根的能力形成感性认识。

3. 观察茎

识别茎上的侧枝，注意其着生位置；观察茎顶部状态，理解有限生长型和无限生长型的意义。

手捏茎段，体会其坚硬程度。弯折茎，体会其抗弯曲能力，理解茎的直立性，对茎的直立性形成感性认识。之后用刀切削，横切、斜切、纵切，观察茎的木质化程度。

4. 观察叶

观察叶片形状、颜色；辨别叶轴，观察裂片形态；观察叶面绒毛。

5. 观察花

（1）识别　观察番茄花外观，识别花瓣、萼片、花梗；剥离花冠，观察雄蕊，识别花药、花丝；剥离雄蕊，识别柱头、花柱、子房；切开子房，借助放大镜或体视显微镜观察胚珠。

（2）拍照或绘图　拍照，并在照片上标注花器各部分名称；或手绘花器结构，并标注各部分名称。

6. 观察果

（1）识别　观察果实，识别萼片、果梗。纵切果实，观察，识别果皮、胎座、心室、种子。

（2）拍照或绘图　对纵切的果实内部拍照，标注各部名称；或绘制果实剖面图，标注各部分名称。

五、问题思考

1. 通过仔细观察，达到本项目知识要求和技能要求标准。
2. 尝试用专业术语对番茄植株及各器官结构进行描述。
3. 掌握简单的手绘技法，借助此法，说明番茄花、果的结构。
4. 思考番茄形态特征与栽培措施之间的联系。

项目 6　根菜类蔬菜肉质直根的形态和结构认知

一、学习目标

通过观察根菜类蔬菜肉质直根，了解其外部形态特征及内部解剖学特点，了解萝卜、胡萝卜、根菾菜食用品质与农业技术的关系，学会观察蔬菜外部形态和内部结构的方法，培养通过观察、思考，探究事物本质的意识。

二、基本要求

（一）知识要求

1. 知识点

掌握萝卜、胡萝卜、根菾菜的外部形态特征，理解内部结构的解剖特点。

2. 名词术语

理解以下名词和专业术语：植物学分类法、十字花科、萝卜属、萝卜种；伞形科、胡萝卜属；藜科、菾菜属、菾菜种；农业生物学分类法、根菜类蔬菜；直根系、肉质直根、主根、侧根、胚根；胚轴、上胚轴、下胚轴、短缩茎、叶痕；根头、根颈、真根、根尾；木质部、初生木质部、次生木质部、韧皮部、初生韧皮部、次生韧皮部、形成层；周皮、维管束环；中柱鞘、射线薄壁细胞；畸形、糠心。

（二）技能要求

能够指出萝卜、胡萝卜、根菾菜的肉质直根的内部各部位名称，进而分析各部分在栽培学上的功能。

三、背景知识

根菜类蔬菜主要以肥大的肉质直根为产品，种类较多，通常分属7个科。十字花科代表性蔬菜有萝卜、根用芥菜、辣根、芜菁、芜菁甘蓝；伞形科代表性蔬菜有胡萝卜、美洲防风、根芹菜；菊科代表性蔬菜有牛蒡、婆罗门参、菊牛蒡；藜科代表性蔬菜为根恭菜。

（一）萝卜的肉质直根

各种形态、颜色、大小的萝卜都属于十字花科、萝卜属、萝卜种，萝卜种又包括中国萝卜、四季萝卜（樱桃萝卜）两个变种。萝卜的根系属于直根系。按农业生物学分类法，萝卜属于根菜类蔬菜，以肉质直根为主要食用器官。

1. 外部形态

萝卜的肉质直根形状多样，有长圆筒形、圆锥形、球形、扁球形等。外皮颜色多样，有白、绿、红、紫等颜色，欧洲还有黑皮萝卜。肉质直根大小也有很大差异（图6.1）。

图6.1　各种萝卜的肉质直根

萝卜的肉质直根是由根和胚轴共同发育而来的，具体讲，是由纵向伸长不足而横向扩展明显的短缩茎、发达的下胚轴和主根上部3部分共同膨大以及膨大不明显的主根下部共同形成的。因而，肉质直根不是简单的植物学上的根，而是一种复合器官。

栽培学上，肉质直根从上到下分为根头、根颈、真根、根尾4部分（图6.2）。另外，肉质直根上还着生两排侧根。

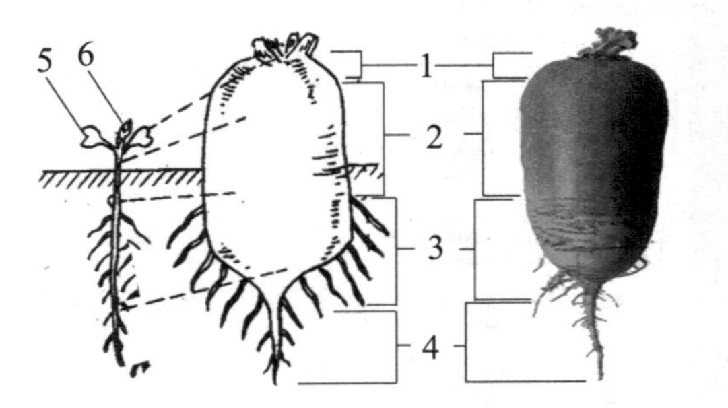

1. 根头；2. 根颈；3. 真根；4. 根尾；5. 子叶；6. 真叶

图6.2　萝卜肉质直根外部形态

（1）根头　根头即短缩茎，由上胚轴发育而成，其上着生芽和叶，在下胚轴和主根上部膨大时也随着增大（个别品种根头部分不明显膨大），并保留有叶片脱落的痕迹。萝卜的根头不明显。

（2）根颈　根颈由下胚轴发育而来，表面光滑，为肉质根的主要部分，无叶痕和侧根。

（3）真根　真根也称根体，由胚根上部发育而来，真根上部从根颈下部开始算起，下部至直径 1 厘米处（注：有人将真根截止位置定在肉质直根明显停止膨大处）。真根上着生两列侧根。

（4）根尾　根尾由胚根下部发育而成，膨大不明显，无通常意义上的食用价值，不参与萝卜产品器官的组成。

2. 内部结构

萝卜肉质直根由多种组织构成，从外向里分别为：周皮、被挤压破坏的初生韧皮部、次生韧皮部、形成层（易剥离部）、次生木质部、初生木质部（图 6.3）。

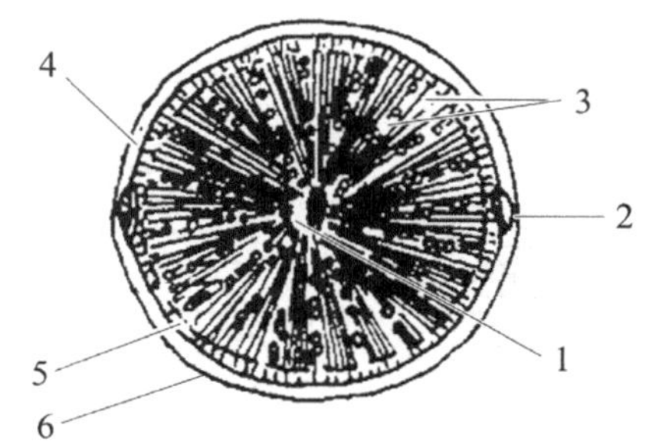

1. 初生木质部；2. 初生韧皮部；3. 次生木质部；4. 次生韧皮部；5. 形成层；6. 周皮

图 6.3　萝卜肉质直根横断面示意图

在肉质直根的形成过程中，次生构造发生很早，在第二片真叶展开时，初生韧皮部内侧的原形成层细胞开始活动，向两侧扩展直达原生木质部外方的中柱鞘，这部分中柱鞘细胞恢复分生能力，与之共同组成形成层。形成层向内分化次生木质部，向外分化次生韧皮部。初生木质部被次生木质部包围在中央；而初生韧皮部则被挤压、压扁、退化、消失。萝卜肉质直根的最大特点是次生木质部发达，木质部薄壁细胞丰富而导管少，并且被射线薄壁细胞分离成辐射线状。

（二）胡萝卜的肉质直根

按植物学分类法，胡萝卜属于伞形科、胡萝卜属，为二年生、双子叶、草本植物，以肥大的肉质直根为食用器官。

1. 外部形态

胡萝卜肉质直根的外观颜色有黄红、黄白、橙黄、橙红、紫红等多种。肉质直根富含胡萝卜素，颜色越深，胡萝卜素含量越高。肉质直根分为根头（短缩茎）、根颈（下胚轴）、真根、根尾 4 部分，根头不明显。肉质直根上还着生 4 排侧根。

2. 内部结构

胡萝卜肉质直根内部结构包括初生木质部、次生木质部、形成层、初生韧皮部、次生韧皮部、周皮等几部分，突出特点是次生韧皮部发达（图 6.4）。

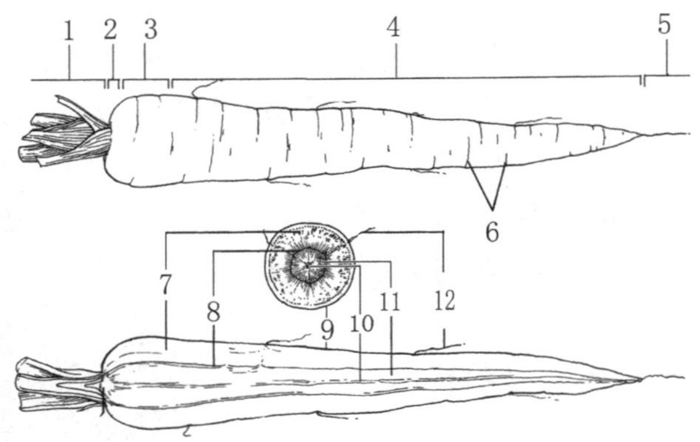

1. 叶柄；2. 根头；3. 根颈；4. 真根；5. 根尾；6. 侧根根痕；7. 次生韧皮部；8. 形成层；9. 周皮；10. 初生木质部；11. 次生木质部；12. 侧根

图 6.4　胡萝卜肉质直根外观及纵切面示意图

（三）根菾菜的肉质直根

根菾菜，也称甜菜根、菜用根菾菜（注意与制糖用根甜菜相区分）。按植物学分类，根菾菜是藜科、菾菜属、菾菜种的一个变种，为直根系。肉质直根呈球形、圆锤形或纺锤形。

1. 外部形态

肉质直根主要由下胚轴与主根上部膨大形成，分为根头、根颈、真根（根体）、根尾 4 部分。根头为短缩茎，其上丛生叶片；根颈位于根头和根体之间，上部以叶痕为界，下部以腹沟顶端为界，根颈既不生叶，也不生侧根；真根从根颈下部到主根直径 1 厘米以上部分；根尾为主根直径 1 厘米以下部分（图 6.5）。

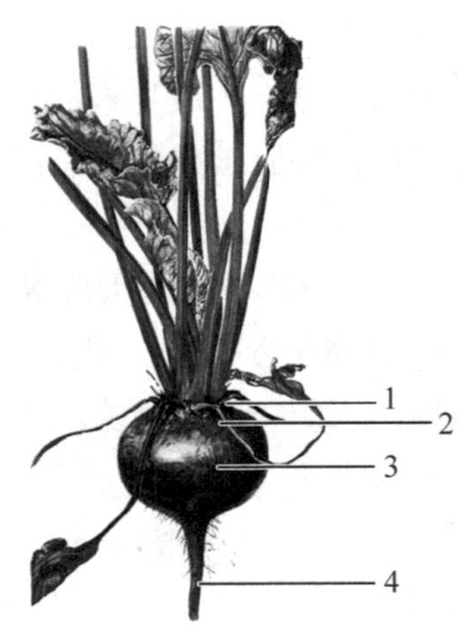

1. 根头；2. 根颈；3. 真根；4. 根尾

图 6.5　根菾菜肉质直根外观

2. 内部结构

根菾菜肉质直根的内部具多层形成层，每一层形成层向内分生木质部，向外分生韧皮部，形成维管束环，环与环之间为薄壁细胞（图 6.6）。

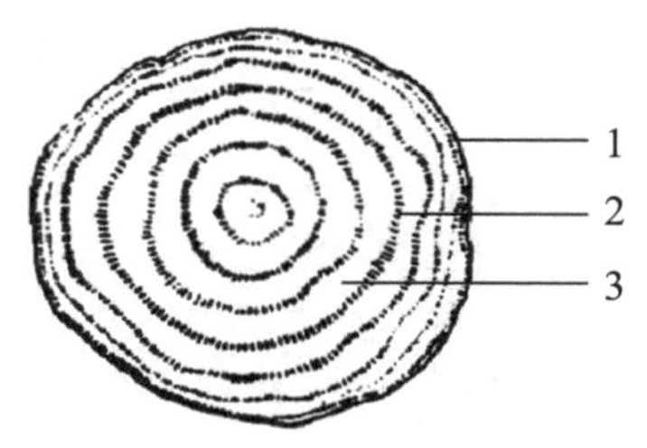

1. 韧皮部；2. 维管束环；3. 薄壁细胞

图 6.6　根菾菜肉质直根横断面示意图

四、实习实训

（一）准备

1. 教师准备

（1）材料　准备各类型萝卜、胡萝卜、根菾菜的植株。萝卜各类型畸形根，或标本、挂图、数码照片、塑封照片。

（2）用具　刀具、放大镜、体视显微镜、直尺等。

2. 学生准备

如果学规和条件许可，建议准备数码相机或智能手机。准备手绘用纸、笔。

（二）步骤与内容

1. 外部形态认知

（1）观察　观察萝卜、胡萝卜、根菾菜的肉质直根的外部形态。分清根头、根颈、真根（根体）、根尾；识别侧根。观察过程中，发现、总结各蔬菜肉质直根的外部形态特点，如十字花科（萝卜）与藜科（根菾菜）的肉质直根上着生 2 列侧根，伞形科（胡萝卜）肉质直根上着生 4 列侧根。将观察结果填入表 6.1。

表 6.1　根菜类蔬菜肉质直根外部形态特征记录表

项目	萝卜	胡萝卜	根菾菜
肉质直根外观颜色 （可分上部、下部）			
侧根排数			
肉质直根形状			
根头特征			
根颈特征			
真根（根体）特征			

（2）测量　测量表中所列的肉质直根各部分长度，填入表 6.2。

表 6.2　根菜类蔬菜肉质直根形态数据记录表

项目	萝卜	胡萝卜	根菾菜
根头长度 / 厘米			
根颈长度 / 厘米			
真根（根体）长度 / 厘米			
根尾长度 / 厘米			

（3）拍照或手绘

①拍照　拍摄萝卜、胡萝卜、根菾菜 3 种蔬菜肉质直根数码照片，记录外观形态。之后，在照片上标注各部分名称。保存，以备复习之用。

②绘图　如没有拍照条件，可用铅笔，对照 3 种蔬菜肉质直根实体，绘制其外观图，绘制时，注意表现各部分特征。

2. 观察内部结构

（1）观察　将萝卜、胡萝卜的肉质直根纵切和横切，借助放大镜、体视显微镜，观察并识别肉质直根的周皮、形成层、初生木质部、次生木质部、初生韧皮部、次生韧皮部，总结各部的解剖学特点。

将叶菾菜肉质直根纵切和横切，借助放大镜、体视显微镜，观察并识别维管束环，以及环与环之间的薄壁细胞。

（2）测量　取萝卜、胡萝卜样本，从肉质直根中部横切。中部是指先计算根头、根颈、真根总长度，找距离肉质直根顶部距离为前述总长度一半的位置。

测量肉质直根最大直径。

界定木质部，包括初生木质部和次生木质部范围；测量木质部厚度，并计算该厚度占肉质直根直径的百分率。

界定韧皮部，包括初生韧皮部和次生韧皮部（主要是次生韧皮部）；测量韧皮部厚度，并计算该厚度占肉质直根直径的百分率。

填写表 6.3。

表 6.3　萝卜、胡萝卜肉质直根内部结构数据记录表

项　目	萝卜	胡萝卜
肉质直根中部直径 / 厘米		
木质部厚度 / 厘米		
木质部厚度所占百分率 /%		
韧皮部厚度 / 厘米		
韧皮部厚度所占百分率 /%		

（3）拍照或手绘

①拍照　拍摄萝卜、胡萝卜、根菾菜3种蔬菜肉质直根内部结构的数码照片，在照片上标注各部分名称。拍照及标注方法可以参照图6.7示例。之后保存照片，以备复习之用。

②绘图　如没有拍照条件，可用铅笔，观察3种蔬菜肉质直根中部横断面，在纸上绘图。然后，在所绘图上标注肉质直根各结构部分名称。绘图及标注时，可参考图6.8范例。

3. 观察畸形根

利用教师提供的实物，或课件、挂图、标本，观察萝卜、胡萝卜的各种畸形或其他生长异常的肉质直根，比如具有分叉、开裂等畸形和糠心的肉质直根，分析其形成的原因（图6.9、图6.10）。

1. 初生木质部；2. 次生木质部；3. 形成层；4. 次生韧皮部；5. 周皮

图6.7　胡萝卜肉质根横断面示意图照片范例

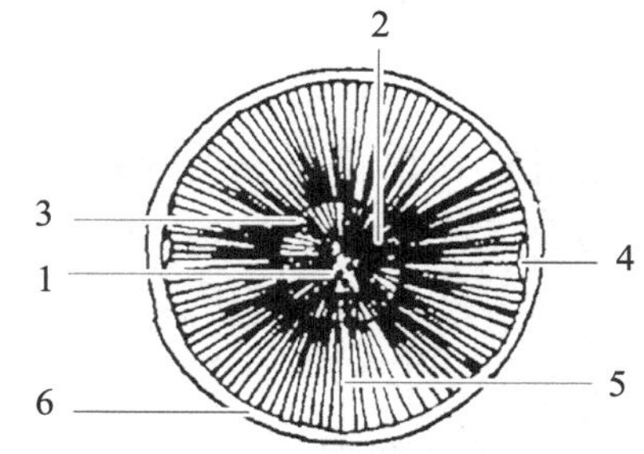

1. 初生木质部；2. 次生木质部；3. 形成层；4. 初生韧皮部；5. 次生韧皮部；6. 周皮

图6.8　胡萝卜肉质根横断面示意图绘制范例

图6.9　萝卜肉质根分叉现象

图6.10　萝卜肉质根糠心现象

五、问题思考

1. 萝卜和胡萝卜肉质直根在内部结构上有何不同？

2. 萝卜、胡萝卜、根菾菜的肉质直根，在外部形态和内部结构上有哪些共同特点？

3. 分析萝卜畸形根是怎么形成的，畸形导致哪些组织发生了形态变化？

项目 7 葱蒜类蔬菜器官形态及其特性认知

一、学习目标

通过观察葱蒜类蔬菜产品器官或重要器官的外部形态及内部结构，理解在栽培上采取相应措施的依据，掌握葱蒜类蔬菜的观察方法，为将来在葱蒜类蔬菜生产中观察其生长状态、分析出现的问题打下基础。

二、基本要求

（一）知识要求

1. 知识点

掌握葱蒜类蔬菜所包含的具体蔬菜，了解葱蒜类蔬菜中各蔬菜的植物学分类地位、食用器官。掌握韭菜、洋葱外部形态特征，理解其内部结构的解剖学特点。

2. 名词术语

理解下列名词术语：须根、侧根、根毛、须根系、初生根、次生根、不定根；贮藏器官、茎盘、盘踵、根状茎、根茎、营养茎、短缩茎；假茎、鳞茎、气生鳞茎、叶鞘、变态叶、叶身、出叶孔、管状叶、鳞芽、侧芽、闭合型肉质鳞片、开放型肉质鳞片、叶原基、膜质鳞片；花茎、花薹、花序、花芽、伞形花序、总苞、总苞片、两性花、异花授粉、虫媒花；蒴果、子房、缝合线；叶芽分化、花芽分化、绿体春化、春化、营养生长、顶端优势、跳根、抽薹、分蘖、蘖芽、分株、退母；囤栽、培土、软化、定植。

（二）技能要求

能够识别韭菜、大葱、洋葱、大蒜植株各器官，能够阐述各器官的内部结构。

三、背景知识

农业生物学分类法所指的葱蒜类蔬菜包括韭菜、大葱、大蒜、洋葱、韭葱和细香葱等。这些蔬菜按植物学分类法则属于天门冬目葱科葱属。为二年生或多年生草本植物。具辛辣气味，主要以膨大的鳞茎、假茎、嫩叶为产品器官，通常的食用部分是植物学的叶，或是变态叶。

（一）韭菜

1. 根

（1）形态　韭菜的根为弦线状须根，由须根构成的根系称作须根系。须根柔嫩，肉质，着生于茎盘的基部和四周，每株有须根 10 ～ 20 条。基本不发生侧根，根毛稀少。

（2）特性　韭菜的根系吸收能力较差，这就要求种植韭菜的地块不仅要土质肥沃，养分充足，而且必须具有较好的保水保肥能力。

韭菜的根系具有较强的贮藏营养物质的功能，尤其在秋末表现更为突出。因此，在韭菜定植或囤栽时，应尽量保持根系的完整，以减少营养物质的浪费，从而为提高产量和品质奠定基础。

韭菜根的寿命短，新根增生能力强。

2. 茎

韭菜的茎分为营养茎和花茎两种。

（1）营养茎

①形态　一年生、二年生营养茎在地下短缩成盘状，叫作短缩茎，通常称作茎盘。茎盘下面着生须根，上面着生叶。

随着植株生长和不断分蘖，营养茎不断向地表延伸，形成杈状分枝，这些营养茎在形态上像根，因而称为根状茎，简称根茎。根状茎也是重要的营养贮藏器官（图 7.1）。

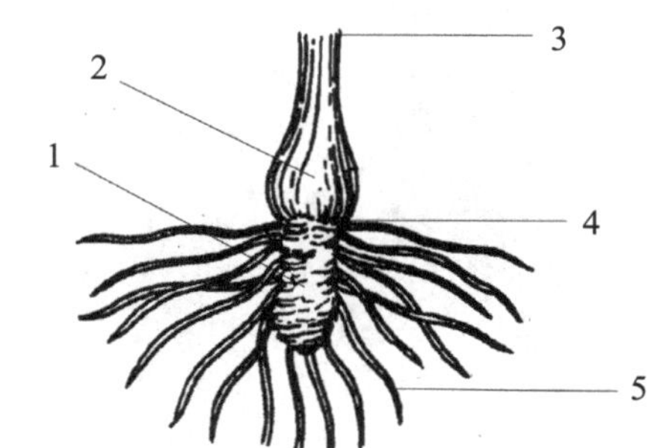

1. 根状茎；2. 鳞茎；3. 假茎；4. 茎盘；5. 须根

图 7.1　韭菜植株下部形态

②特性　植株分蘖，产生蘖芽，之后蘖芽生长成为分株，蘖芽与原有植株包在同一叶鞘中，且一定发生在老株鳞茎稍上的部位，而根状茎寿命只有 2 ～ 3 年，随着生长，老的根状茎逐渐死亡，新的根状茎不断产生，就使得分株层层上移，于是须根也随之上移，这种现象称作“跳根”（图 7.2）。

1. 根状茎；2. 鳞茎；3. 假茎；4. 须根

图 7.2　韭菜的分蘖与跳根

（2）花茎　茎盘上的顶芽分化成花芽后抽生出的花薹，称作花茎。花薹顶端生长花序（图 7.3）。

幼嫩的花茎具有食用价值，栽培上如果以叶为产品器官，为了减少营养消耗，花薹刚抽生出来即应摘除。

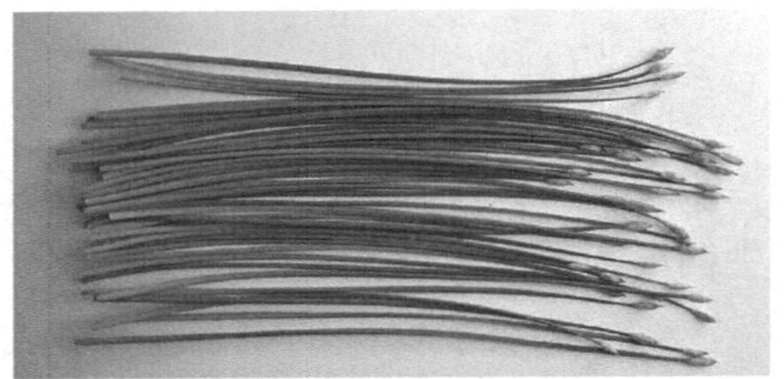
图 7.3　韭菜的花茎

3. 叶

韭菜的叶由叶身和叶鞘组成。

（1）叶身　叶身也称作叶片，呈扁平带状，簇生，每株 5 ～ 11 片不等，被蜡粉（图 7.4）。

叶是同化器官，也是主要的产品器官。在高温、强光、干旱或缺氮的条件下，叶纤维硬化，组织粗糙，口感变差。

（2）叶鞘

①假茎　叶鞘上部呈筒状，层层包裹，相互抱合，称为假茎，俗称“韭白”，在植物学上属于叶的范畴。

②鳞茎　叶鞘下部，即假茎基部，贮存营养物质后变得肥大，呈葫芦状，称为鳞茎，俗称“韭菜葫芦”，在植物学上也属于叶的范畴（图 7.5）。

图 7.4　韭菜叶身（叶片）

图 7.5　韭菜叶鞘（假茎和鳞茎）

鳞茎是营养物质贮藏器官，鳞茎中营养物质越多，体积越大，结构越坚实，说明韭株越健壮。鳞茎是韭菜收割后影响再生能力的重要组织。鳞茎还是韭菜安全越冬的保障，也是设施韭菜低温季节高产、优质的前提。

4. 花

（1）形态　韭菜的花着生于花茎顶端，花未开放时，外面有总苞片包被，总苞片开裂后，小花即散开（图 7.6）。每个总苞有小花 20 ～ 30 朵，多者 50 ～ 60 朵。伞形花序，球状或半球状，花冠白色（图 7.7）。

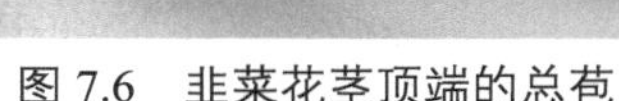

图 7.6　韭菜花茎顶端的总苞

图 7.7　韭菜的伞形花序

（2）特性　韭菜的花为两性花，异花授粉，虫媒花。

韭菜为绿体春化蔬菜，只有植株达到一定大小时才能感受低温通过春化阶段。当年播种后，由于未经秋冬低温，不能通过春化阶段，很少抽薹开花，一般抽薹期多在第二年及其以后各年的夏秋季。

5. 果实

韭菜的果实为蒴果，倒卵状，子房上位，3 心室，每室有种子 2 粒。果实成熟时，便从缝合线处开裂，露出种子（图 7.8）。

6. 种子

韭菜的种子呈黑色，三角形或半圆形，种皮坚硬。千粒质量一般在 4 克左右。发芽缓慢，寿命较短，使用年限为 1 年，深秋种子成熟后，只能在第二年之内使用，到第三年发芽率极低。

图 7.8　韭菜的果实和种子

（二）洋葱

1. 根

（1）形态　须根，弦线状，着生在茎盘基部。胚根入土后不久便会萎缩，因而没有主根。无根毛（图7.9）。

图 7.9　洋葱的须根

（2）特性　因为没有根毛，所以洋葱根系吸收肥水能力较弱。属浅根系，主要密集分布在20厘米的表土层中，耐旱性差。根系生长缓慢。

2. 茎

茎短缩，称作短缩茎，因呈盘状，也称茎盘。

洋葱的茎在营养生长时期，短缩形成扁圆锥形的茎盘，茎盘下部为盘踵，茎盘上部环生圆筒形的叶鞘和枝芽，下面生长须根。成熟鳞茎的盘踵组织干缩硬化，能阻止水分进入鳞茎。因此，盘踵可以控制根的过早生长或鳞茎过早萌发。

3. 叶

（1）形态

①叶身　圆筒状，中空，腹部有凹沟，中部以下最粗，向上渐狭。浓绿色，表面有蜡质。

②叶鞘　叶鞘部分形成假茎和鳞茎。

叶鞘基部肥厚，层层抱合呈鳞片状，密集于短缩茎的周围，形成鳞茎，俗称“葱头”。鳞茎近球状，外部鳞片呈革质羊皮纸状；内部鳞片肥厚、肉质，分开放型和闭合型两种。总之，鳞茎实为叶的变态（图7.10）。

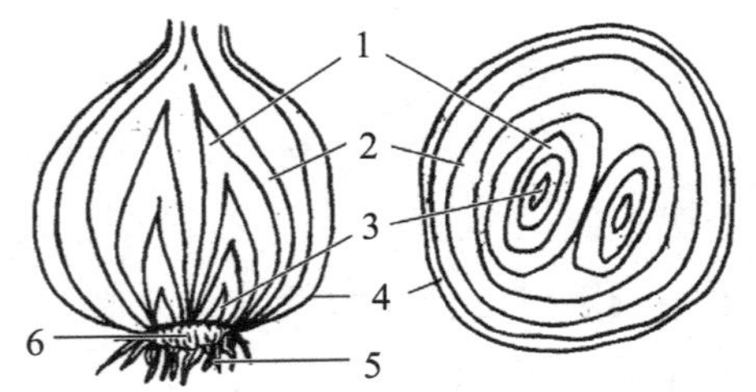

1. 闭合型肉质鳞片；2. 开放型肉质鳞片；3. 叶原基；4. 膜质鳞片；5. 须根；6. 茎盘

图 7.10　洋葱鳞茎的结构

（2）特性　洋葱的管状叶身直立生长，具有较小的叶面积，叶表面被有较厚的蜡粉，这些都是抗旱的生态特征。鳞茎外部的革质羊皮纸状鳞片具有保护内部肉质鳞片免于失水的功能。

4. 花

（1）形态　总苞2～3裂，伞形花序，球状，具多而密集的花。花白色。花被片具绿色中脉。花丝等长，稍长于花被片，基部合生。子房近球状。

（2）特性　5—7 月开花结果。生殖生长时期，洋葱植株经受低温和长日照条件，生长锥开始花芽分化，抽生花薹。

（三）大葱

1. 根

（1）形态　大葱为须根系，根白色，弦线状，肉质，着生在短缩茎下面。属浅根系，生长盛期须根可达百条。根的分枝性差，侧根发生较少，根毛稀少。

（2）特性　发根能力较强，并随着外层老叶的衰老、枯死陆续发出新根。而且根的再生能力强。

根系分布浅，范围小，主要分布在表土层，80% 的根系量都在植株四周 20 厘米范围内，因而吸水肥能力较弱。

根系怕涝，要求土壤疏松肥沃，在高温、高湿或水淹的环境条件下容易坏死。

在深培土的情况下，大葱的根系不是向下延伸，而是沿水平方向和向上发展。

2. 茎

（1）形态　短缩茎，圆锥形。先端为生长点，黄白色，新叶或花薹由此抽生。

（2）特性　随着植株生长，短缩茎稍有延长。短缩茎具有顶端优势，分蘖少。当营养生长到达一定时期，通过低温春化后，生长点停止叶芽分化，转为分化花芽，再遇到长日照条件就抽薹开花。

3. 叶

（1）形态　叶呈同心圆状、按 1/2 叶序着生在短缩茎上，叶由叶身、叶鞘两部分组成，在叶鞘和叶身连接处有出叶孔。

①叶身　大葱叶身管状，中空，顶尖，绿色，表面有蜡粉层。叶身中空的原因是，起初，幼嫩的叶内部充实，充满由薄壁细胞构成的海绵组织，伸出叶鞘后，叶身内的薄壁细胞逐渐崩溃、消失，导致叶身中空呈管状，故称“管状叶”。

②叶鞘　叶鞘位于叶身之下，每个叶鞘都背厚腹薄，呈筒状，层层抱合，共同形成假茎，俗称“葱白”。假茎形状类似茎，但在植物学上不是茎，而是多层叶鞘。

（2）特性　生长锥两侧按顺序发生叶，叶互生，内叶的分化和生长以外叶为基础，新叶从相邻老叶叶鞘的出叶孔穿出，随着新叶出现，老叶不断干枯，外层叶鞘逐渐干缩成膜状。

假茎是大葱的营养贮藏器官，具有贮藏养分、水分、保护分生组织和心叶的作用。露地栽培的大葱，在秋季，叶身的养分逐渐向叶鞘转移，并贮存于叶鞘中。

假茎长度与培土有关，适当培土能为假茎创造黑暗和湿润环境，增加假茎的长度和横径，还有软化作用。

4. 花

（1）形态　总苞生长在花薹顶端。花薹绿色，被有蜡粉层，圆柱形，基部充实，内部充满髓状组织，中部稍膨大而中空，能够起到叶片的同化功能。

伞形花序，花序外面由白色膜质佛焰状总苞片包被，内有小花几百朵不等，为两性花。小花有细长的花梗，花冠白色，花瓣6枚，披针形；雄蕊6枚，基部合生；雌蕊1枚，子房倒卵形，3室，每室可结2籽。

（2）特性　两性花，属虫媒花，异花授粉，自花授粉结实率也较高，因此采种时要注意不同品种之间的隔离。花序顶部的小花先开，依次向下开放，持续约15～20天。

5. 果实

蒴果，幼嫩时绿色，成熟后自然开裂，散出种子。每个果实中有6粒种子。

6. 种子

种子黑色，盾形，有棱角，稍扁平，断面呈三角形，种皮表面有不规则的皱纹，脐部凹陷。种皮坚硬，种皮内为膜状外胚乳，胚白色、细长呈弯曲状。发芽吸水能力弱。生产上宜用新种。

（四）大蒜

产品器官为鳞茎、蒜薹、见光幼株（蒜苗）、软化幼株（蒜黄）。

1. 根

（1）形态　须根，没有主根、侧根之分。弦线状，肉质。须根着生在短缩的茎盘上。

依据发生先后、着生部位和所起的作用，可将根分为初生根、次生根和不定根3种。初生根发生在种蒜的背面；次生根发生在种蒜的腹面及茎盘的外围；不定根是在春季退母前围绕茎盘周围其他部位着生的根。

（2）特性　大蒜根系虽然须根多但根毛少，根系浅，对水分和养分的吸收能力较弱。喜湿怕旱，喜肥耐肥，尤其在抽薹前后对水肥敏感，要保证水肥供应。

根能分泌杀菌物质，对预防土传病害有益。

2. 茎

（1）形态　分为营养茎和花茎两种。

①营养茎　大蒜植物学意义上的茎已经退化，变为扁平的盘状短缩茎，也称茎盘。随着植株的生长和叶数的增多，茎盘逐渐加粗，但生长量较小，鳞茎长成以后，茎盘逐渐在高温条件下木栓化，干缩硬化，成为蒜瓣的托盘。茎盘下部生根。茎盘上部生叶，茎的节间短，其上环生叶。

②花茎　茎盘上部中央为生长点，经一定的条件分化发育为花芽，抽生花薹，如果顶芽不分化成花芽，则形成无花薹的多瓣蒜或独头蒜。蒜薹或花薹称作花茎。花茎顶端着生总苞，总苞内着生伞形花序和气生鳞茎（小鳞茎、气生小鳞茎），气生鳞茎的形态类似蒜瓣，可作为播种材料（农业种子）。

3. 叶

（1）形态　叶着生在短缩茎之上，基生，互生，包括叶身和叶鞘，新叶生在内圈，老叶生在外圈。

①叶鞘　叶鞘管状，相互套合，形成圆柱形的假茎，淡绿色或绿白色，具有支撑上部叶身的作用，并有营养运输的功能。假茎中富含营养，幼嫩时可食。

②叶身　未展出前呈折叠状，展开后扁平而狭长，披针形。肉质，暗绿色，叶面积较小，较直立。表面有蜡粉，为耐旱叶型。平行叶脉。

（2）特性　大蒜新叶从生长点分化出来，在老叶的叶鞘内层深处为分化晚的叶片，分化较早的叶片在外层，叶鞘较长。

叶片的着生方向正好与蒜瓣的背腹连线垂直，所以在种植时，应将母瓣的背腹连线与栽培行方向平行，将来叶的生长正好与行向垂直，可使植株的叶片接受更多的阳光。

4. 鳞茎

叶鞘下部膨大部分为鳞茎，俗称“蒜头”，由叶鞘、鳞芽（俗称“蒜瓣”）、茎盘、花薹、根原基组成。其中，鳞芽是食用部分，由短缩茎上的侧芽肥大而成，每个鳞茎包括 4 ～ 6 个或多达数十个鳞芽。每个鳞茎中鳞芽的数量因品种而异。鳞茎的外表皮，俗称“蒜皮”，由外层叶的叶鞘基部膨大、干缩形成。

鳞芽是大蒜内层叶鞘基部的侧芽，即大蒜叶腋处的侧芽，逐渐发育而成的。每个鳞芽由贮藏鳞片（肉质鳞片）、保护鳞片组成。其中，外面包被的1～2层保护鳞片随鳞芽膨大，养分转移，干缩呈膜状，又称作膜质鳞片；贮藏鳞片由几片幼叶构成（图7.11）。

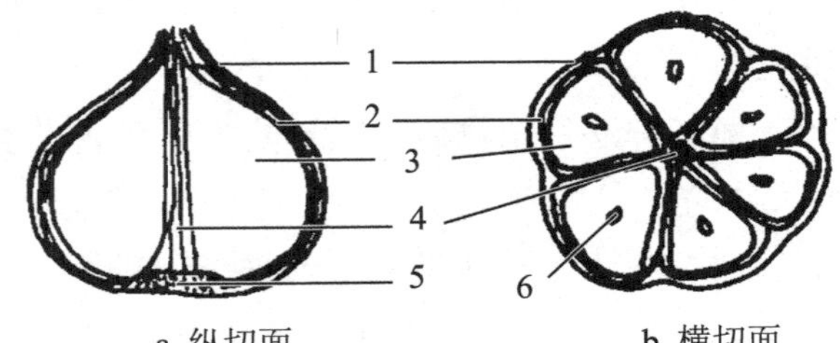

1. 叶鞘；2. 膜质鳞片；3. 鳞芽；4. 花茎（蒜薹）；5. 短缩茎（茎盘）；6. 幼芽

图7.11 大蒜鳞茎结构

5. 花、果实和种子

花和气生小鳞茎混生在总苞中，佛焰苞，有长喙。伞形花序，小而稠密。

果实为蒴果，形态扁平，椭球形，黑褐色。多数植株开花不结实或不开花。种子黑色。

总苞内着生小鳞茎，又称气生鳞茎，结构与蒜瓣相似，但个体甚小，可用于繁殖。

四、实习实训

（一）准备

1. 教师准备

（1）材料　3～4年生的韭菜植株。鳞茎充分膨大的洋葱成株和抽薹植株。大葱植株。鳞茎已经膨大的大蒜植株。如无实物，准备标本，或挂图、数码照片、纸质照片。

（2）用具　放大镜，体视显微镜；镊子、刀片等。

2. 学生准备

笔、纸张；拍照工具。

（二）步骤与内容

1. 韭菜形态认知

（1）观察　取韭菜完整植株，进行以下内容：识别须根，观察根系着生部位，换根情况，分析跳根原因；识别植物学意义上的叶鞘、叶身，识别假茎、鳞茎，观察叶身形状、叶鞘形状，观察叶在茎盘上的着生位置，分析假茎形态特点；识别短缩茎、根状茎，观察短缩茎形态、根状茎形态，分析分蘖与跳根的关系；切取具有贮藏功能的鳞茎，将鳞茎层层剥离，仔细观察内部结构。

（2）拍照与绘图　取多年生韭菜植株，绘制植株下部外观图。或拍摄包括根状茎的韭菜植株下部位置的照片，标注各部名称，可参考图 7.12 的示例，拍照和标注。

1. 须根；2. 根状茎；3. 茎盘；4. 假茎；5. 鳞茎

图 7.12　韭菜植株下部形态拍照及标注示例

2. 洋葱形态认知

（1）观察　取洋葱植株，观察根系着生部位和须根的颜色、长短、粗细、分布；观察叶形、叶色、叶面状况。取洋葱鳞茎，分别纵切与横切，然后观察膜质鳞片、开放性肉质鳞片、闭合性肉质鳞片、幼芽、茎盘；取抽薹植株，与正常植株进行比较。

（2）拍照与绘图　将洋葱鳞茎横切或纵切，绘制洋葱鳞茎结构图，或拍照并标注各部名称。

3. 大葱形态认知

（1）观察　取大葱植株，观察根系形态；观察叶形态，比较幼叶与成叶的异同；将假茎纵剖和横剖，观察假茎的组成，观察叶鞘的抱合方式。

（2）拍照与绘图　绘制大葱假茎结构图，或拍照，并标注各部名称。

4. 大蒜形态认知

（1）观察　取完整的大蒜植株，观察大蒜根系、叶身、叶鞘的形态；观察并识别鳞茎纵剖面和横剖面的叶鞘、鳞芽、花薹、膜质鳞片、茎盘等。

（2）拍照与绘图　绘制大蒜鳞茎结构图，或拍照并标注各部名称。

五、问题思考

1. 韭菜的分蘖与跳根有什么关联性？

2. 葱蒜类蔬菜的假茎、鳞茎、茎盘、根茎，分别是植物学意义上的什么器官？

项目 8　蔬菜浸渍标本制作

一、学习目标

掌握蔬菜浸渍标本制作技术，能在未来工作中，使具有保存价值的蔬菜样本在较长的时期内保持自然状态，以满足研究或展示的需要。

二、基本要求

（一）知识要求

1. 知识点

了解浸渍标本的制作原理，了解主要色泽保存技术，了解制作标本的方法。

2. 名词术语

理解下列名词或专业术语：标本、浸渍标本、甲醛。

（二）技能要求

能够进行配方选择，能在教师的指导下借助资料制作蔬菜浸渍标本。

三、背景知识

（一）概念

浸渍标本，也称浸泡标本或浸制标本，是指将新鲜的植物全株或某一器官，用化学药剂配成的溶液固定和保存而制成的标本。

（二）特点

浸渍标本方法可以保持植物自然色泽和状态，防止腐烂，给人以真实感。

适合用于观察植物内部构造，甚至可以作为工艺品出售。所有标本，不可食用。

四、实习实训

（一）准备

1. 材料

具有不同色泽的新鲜蔬菜或器官（根、茎、叶、花、果等）。

2. 试剂

蒸馏水、酒精、亚硫酸、冰醋酸、福尔马林（40% 甲醛溶液）、食盐、砂糖、硝酸亚钴、氯化锡、氯化锌、硫酸铜、醋酸铜、硼酸、甘油等。

3. 用具

标本瓶、各规格（10 毫升、500 毫升、1 000 毫升）量筒、玻璃棒、玻璃片、不锈钢刀、剪刀、镊子、烧杯、酒精灯、三脚架、石棉网、封口蜡、毛笔、白纱线、胶水、标签、绘图墨水、天平等。

4. 注意事项

学生所有操作必须在教师指导下进行。因很多试剂具有毒性、腐蚀性，要特别注意个人防护，确保人身安全。尤其是试剂中的甲醛，2017 年 10 月 27 日，被世界卫生组织国际癌症研究机构列为一类致癌物，且在遇明火、高热、容器内压过大时有可能燃烧、爆炸，应予以特别注意。

（二）步骤与内容

1. 参观

参观学校标本馆（室），观察各种植物浸渍标本，形成感性认识，开阔思路，理解浸渍标本制作在蔬菜生产领域的重要性。

2. 制作标本材料选择

选择具有代表性的无损伤、无病虫害，且大小适宜的蔬菜材料。其中，果实不要采用过熟的，应选初具品种特征且色泽均匀者；花要选初开的，盛开的花的花瓣易脱落。

3. 标本材料预处理

将选择后的材料洗净，疏剪修理，使材料能在瓶中分布均匀，造型美观。修剪或切剖面时要使用不锈钢刀具，以防材料中的单宁物质及果酸氧化变黑。

4. 标本材料浸渍

（1）绿色标本

①硫酸铜固定、亚硫酸或酒精保存　此法适用于保存长成的叶、枝，未成熟果实等。

配制固定液。用热水溶解硫酸铜，配成 5% ～ 10%浓度的溶液。

配制保存液。用清水配制 0.12% ～ 0.20%的亚硫酸溶液，或用 70% ～ 90%的酒精作为保存液。

固定。待硫酸铜溶液冷却后，将整理好的标本，按老嫩程度（越嫩浓度要求越低），放入固定液中浸泡。如材料在瓶口上浮，要用玻璃片压住，使其浸没于溶液中，若浮出液面，以后就可能发霉变质。固定时间视材料组织的老嫩、糖分及淀粉含量高低而定，待标本颜色明显加绿或开始变褐色时取出，用清水冲洗，去除表面附着的硫酸铜。

保存。将从固定液中取出并冲洗干净的材料，转入保存液，然后用封口蜡或石蜡封口保存。最后贴上标签，注明必要信息。

②醋酸铜固定、亚硫酸或福尔马林保存　主要用于叶、幼苗等幼嫩材料保持绿色。

先用 50%的冰醋酸溶解醋酸铜达饱和状态备用。使用时按 1∶4 稀释，加热至 80℃后，将材料投入稀释溶液中。加热，标本由绿色变为黄绿色，再由黄绿色变为绿色后，取出用清水冲洗表面附着的醋酸铜。此法固定速度较快，在加热时应特别注意材料的颜色转变。

然后用 0.12% ～ 0.2%的亚硫酸溶液保存或用 5%的福尔马林保存。

（2）黄色标本

①亚硫酸、硼酸、氯化锌保存液保存　适用于橙黄色标本，对带红色的橙黄色果实不适用。

先将材料放入硫酸铜饱和溶液∶40%的甲醛溶液＝ 100 ∶1 的溶液中，固定 24 ～ 48 小时。

然后放入用 6%的亚硫酸溶液 15 ～ 20 毫升、硼酸 2 克、氯化锌 10 克、水 100 毫升配成的混合液中保存。

②亚硫酸、福尔马林保存液保存　此法适用于橙黄色材料，也可用于稍带橙红色的材料。

将材料直接放入由 6%的亚硫酸溶液 4 毫升、40%甲醛 3 毫升、砂糖 5 克、水 93 毫升配制的混合液中保存。

（3）红色标本

①瓦氏保存液保存　用硝酸亚钴 15 克、氯化锡 10 克、40% 甲醛 25 毫升、蒸馏水 2 000 毫升配成固定液。将标本浸入并固定 14 天后，取出，放入福尔马林、酒精保存液（40% 甲醛 10 毫升、95% 酒精 10 毫升、冷开水 1 000 毫升）中保存。

②硫酸铜固定及亚硫酸、甘油保存液保存　用 10% 的硫酸铜做固定液，将标本浸入固定 2 ～ 3 天，然后取出放入 6% 的亚硫酸溶液 5 毫升、甘油 150 毫升、水 350 毫升混合而成的保存液中。此法适用于番茄果实的保存。

③硼酸、酒精、福尔马林、甘油保存液配制　用硼酸 4.5 克、95% 酒精 30 毫升、40% 甲醛 30 毫升、50% 甘油 25 毫升、水 200 毫升配制成保存液，将深红色的标本直接放入保存。如果减少甲醛的用量或不用，可保存粉红色的果实。

五、问题思考

1. 在制作浸渍标本过程中，应注意哪些问题？
2. 如何进行标本的预处理？

单元二 栽培设施

ZAI PEI SHE SHI

项目9 地膜覆盖认知

一、学习目标

地膜覆盖是最简单的、最基础的设施类型，是蔬菜生产的基础。通过学习，理解并掌握与地膜覆盖相关的知识，为理解园艺设施的生态学原理打下基础。

二、基本要求

（一）知识要求

1. 知识点

理解地膜、地膜覆盖的概念，了解地膜覆盖的生态效应，了解地膜覆盖在蔬菜生产上的用途，了解地膜覆盖在生产上能达到的效果。

2. 名词术语

理解下列名词或专业术语：地膜、聚乙烯、聚氯乙烯；地膜覆盖、地面覆盖、近地面覆盖；土壤养分、土壤湿度、土壤含水量；栽培畦、垄、双高垄。

（二）技能要求

能够识别各种地膜覆盖形式，并能对其效果作出评价。

三、背景知识

（一）地膜与地膜覆盖的概念

1. 地膜

地膜指用于地面或近地面覆盖的塑料薄膜，通常为无色透明或黑色，也有绿色、银白色等颜色，一般用聚乙烯、聚氯乙烯材料制成，厚度比塑料大棚、日光温室所用薄膜要薄。

2. 地膜覆盖

用适宜厚度的地膜，进行地面覆盖或近地面覆盖，覆盖后有提高土壤温度、保持土壤水分等作用。地膜覆盖是一种最简易的保护设施类型，可以单独使用，也可以辅助其他设施使用。

（二）地膜覆盖的作用

1. 提高土壤温度

地膜覆盖后能提高地温，增温效应因覆盖时期、覆盖形式、天气条件、地膜种类、时间段的不同而异。例如，春季低温期间采用地膜覆盖，白天受阳光照射后，0 ～ 10 厘米深的土层温度可提高 1 ～ 6℃，最高可提高 8℃，而夜间地膜下的土壤温度只比露地高 1 ～ 2℃。

2. 减少土壤水分蒸发量

由于地膜的气密性强，土壤经地膜覆盖后，土壤水分的蒸发量减少，使土壤湿度稳定，从而有利于根系生长。尤其在比较干旱的气候条件下，0 ～ 25 厘米土层中土壤含水量一般能比露地高 50% 以上。随着土层的加深，地膜覆盖及露地土壤的水分含量差异逐渐减小。

3. 改善土壤养分状况

由于地膜覆盖有增温、保湿的作用，因而有利于土壤微生物增殖，加速腐殖质分解，有利于作物吸收。地膜覆盖还能减少土壤养分的淋溶、流失、挥发，可提高养分的利用率。同时，地膜覆盖还能抑制返碱现象，减轻盐渍危害。

4. 其他作用

部分功能性地膜，还有防除杂草、驱避蚜虫、反光等效果。

（三）常用地膜的种类

制作地膜的材料多为聚乙烯、聚氯乙烯，并添加不同的助剂。因针对地区、使用时间、栽培蔬菜、生产厂家不同，地膜的种类、规格很多。

1. 普通地膜

这类地膜的主要功能是提高土壤温度，减少水分蒸发，抑制盐碱，减少养分流失。

（1）广谱地膜　透明膜，厚度 0.012 ～ 0.016 毫米。增温保墒能力较好，适用于各种覆盖方式，但以露地越冬蔬菜及春播蔬菜近地面覆盖效果最好。幅宽 70 ～ 250 厘米，每千克地膜的覆盖面积为 69 ～ 90 平方米。

（2）超薄地膜　透明或半透明膜，很薄，厚度仅为 0.008 ～ 0.010 毫米。增温、保墒功能接近广谱地膜。幅宽为 80 ～ 120 厘米。每千克地膜理论覆盖面积为 108 ～ 135 平方米。

2. 特殊地膜

（1）黑色防草地膜　黑色，厚度 0.015 ～ 0.025 毫米，幅宽为 100 ～ 200 厘米，每千克覆盖面积为 43 ～ 72 平方米。主要用于草害严重地块、对增温效应要求不高季节，也可用于软化栽培。

（2）黑白双面地膜　两层复合膜，一层为乳白色，一层为黑色，厚度为 0.025 ～ 0.04 毫米，幅宽 80 ～ 120 厘米。适用于高温季节防草、降温栽培。

（3）微孔地膜　地膜上带有微小的孔，每平方米 2 500 个，地膜厚度在 0.015 毫米以上，幅宽 100 ～ 120 厘米。适用于南方温暖湿润气候条件下进行地面覆盖。

（4）避蚜地膜　银灰色，厚度一般为 0.015 ～ 0.02 毫米，幅宽 80 ～ 120 毫米。蚜虫具有规避银灰色物体的习性，避蚜地膜正是利用蚜虫对银灰色较强的反趋向性而设计，通过避蚜可以减轻蚜虫传播的病毒病。

（5）除草地膜　在普通地膜的一面，混入或吹附上除草剂，覆盖时将载有除草剂的一面贴地，使其具有除草作用，特别适用于草害严重的田块进行地面覆盖。

（四）地膜覆盖需注意的问题

1. 施肥问题

覆盖地膜后，由于土壤理化性状的改善，促进了土壤中有机物的分解和蔬菜植株代谢，因而使植株对有机肥料和矿质肥料的需要量增加，所以地膜覆盖后，要确保充足而齐全的养分供应，尤其是要注意增施有机肥和足量的磷、钾肥。

2. 环保问题

必须重视地膜覆盖引发的环保问题。其一，田间的地膜，在蔬菜收获后容易残留在土壤中，很难降解，会对土壤造成污染和损害；其二，地膜有可能导致土壤中塑化剂含量过高而影响人们的健康，目前此问题仍在研究中。

四、实习实训

（一）准备

1. 场地

准备校内实习实训基地，或校外实习基地，要求基地内所用地膜种类多样，且覆盖形式多样。

2. 人员

联系行业专家或一线种植者，要求其准备讲稿，教师应提前对其讲稿内容进行完善、修正。

3. 仪器

5 厘米、10 厘米、15 厘米曲管地温表，或土壤温度采集记录仪。

（二）步骤与内容

1. 基地观察

参观校内实习实训基地或校外实习基地，调查地膜覆盖的形式及相应参数，包括所用地膜的材质（类型）、厚度、幅宽；地膜所覆盖的栽培畦（或垄）的类型与规格；所栽培蔬菜种类；地膜覆盖下的不同深度土壤的温度，以及未覆盖地膜的同层土壤温度，并对两者进行比较。

2. 专家讲解

请行业专家或一线种植者讲解地膜覆盖的方法和覆盖效果，包括使用地膜的时间、栽培畦或垄的制作方法、地膜覆盖的方法、覆盖地膜以后增温效果、蔬菜产量和所取得的经济效益等。做好记录，并积极与行业专家交流互动。

3. 交流讨论

在教师的组织下，以讨论会的形式，同学之间交流所获取的相关知识，并提出自己的观点，做好记录，进行整理，形成报告。

五、问题思考

1. 在教师指导下查阅资料，或阅读教师提供的资料，思考除本项目所述内容外，当前蔬菜生产领域还使用其他哪些类别的地膜。同时思考，地膜覆盖除本项目所述作用外，还有哪些其他作用。

2. 低温季节，在日光温室中栽培喜温性果菜类蔬菜，从提高地温的角度考虑，应覆盖黑色不透明地膜，还是无色透明地膜？并解析原因。

项目 10　阳畦结构调查与建造

一、学习目标

阳畦是一种传统的简易设施。通过认知阳畦结构、调查结构参数及建造阳畦等实践环节，了解栽培设施发展历程，掌握与阳畦相关的名词概念或专业术语，学会简单的设施结构测量方法，掌握建造简易设施的技能，为将来在蔬菜生产中建造栽培设施打下初步的知识、技术基础，并积累操作经验。

二、基本要求

（一）知识要求

1. 知识点

理解抢阳畦、槽子畦的概念，理解阳畦升温、保温原理，了解阳畦的性能。

2. 名词术语

理解下列名词或专业术语：阳畦、抢阳畦、槽子畦、地上式、半地下式；风障、风障畦、畦框、覆盖物、透明覆盖物、不透明覆盖物、塑料薄膜、草苫。

（二）技能要求

能够进行阳畦结构参数的调查，能够建造抢阳畦、槽子畦。

三、背景知识

（一）阳畦的概念

阳畦又名秧畦、冷床，由风障畦发展而来，是一种简易设施，在地面挖槽，其上覆盖透光、保温覆盖物，以太阳辐射为热量来源，保温效果优于风障畦，不设置人工加温设备。

（二）阳畦的构成与分类

1. 阳畦的构成

阳畦由风障、畦框、覆盖物3部分组成，其中，覆盖物包括透明覆盖物和不透明覆盖物，透明覆盖物为塑料薄膜、玻璃等，不透明覆盖物为蒲席、草苫、保温被等。

2. 阳畦的分类

由于阳畦南、北畦框的高度以及风障倾斜度不同，可将阳畦分为抢阳畦和槽子畦两种。

（1）槽子畦　在南方应用较多，南、北框高度相同，畦框上下较直，风障与地面近乎垂直或稍向南倾斜（图10.1）。

其基本规格是：阳畦南北宽度1.5米左右，东西长10～15米；畦框高度40～60厘米，厚度30～35厘米；风障高2米左右，风障披风高1.5～1.7米；南北框之间、东西方向每隔40～50厘米设1道横杆，其上覆盖塑料薄膜，夜间覆盖草苫保温。

（2）抢阳畦　在北方应用较多，南框低于北框，有利于接收更多阳光，风障向南倾斜，与地面有一定角度，采光保温性能优于槽子畦（图10.2）。

其基本规格是：南框高20～30厘米，上宽30厘米，底宽30～35厘米；北框高40～45厘米，上宽15～20厘米，下宽25～35厘米。其他与槽子畦相同。

抢阳畦又分为半地下式和地上式两种，半地下式可以更多地利用土壤贮热增温，且能减少阳畦内土壤的横向热传导，保温性能比地上式阳畦略好。

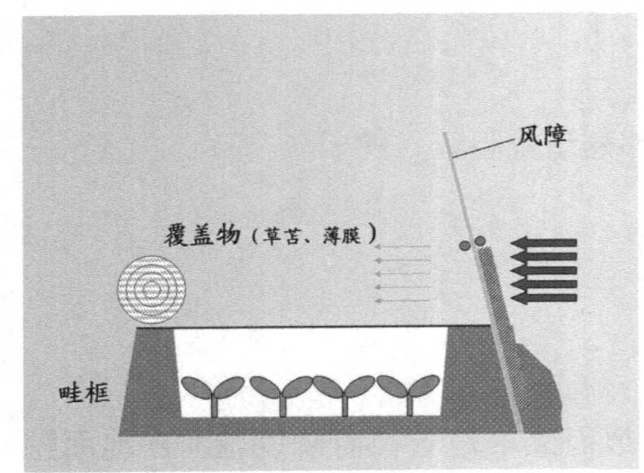

图10.1　槽子畦

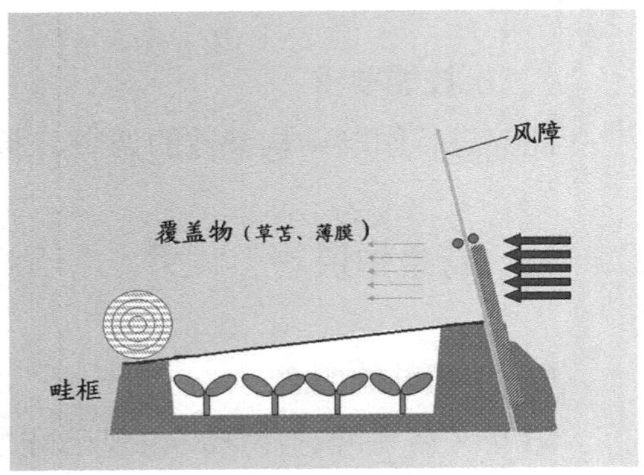

图10.2　抢阳畦

（三）阳畦的应用

1. 阳畦的适用范围

（1）早春育苗　由于建造方便，成本低廉，技术简单，目前阳畦仍是瓜类、茄果类、甘蓝类蔬菜露地栽培时进行早春育苗的常用简易设施。

（2）耐寒蔬菜越冬　我国北方，晴天多，露地最低温度在 -20℃以内的严冬季节，阳畦内的温度可比露地高 12 ～ 20℃，因此，阳畦可用于抗寒蔬菜如韭菜、菠菜越冬。

2. 阳畦的使用方法要点

利用阳畦育苗，应从播种前 20 天开始晒土，提高地温，改善土壤结构。白天揭开不透明覆盖物，阳光通过薄膜照射到阳畦内升温，夜间覆盖保温被、草苫等不透明覆盖物保温。分次翻动畦内土壤，确保晒土充分。播种前施入充分腐熟的有机肥，并与畦内表土充分掺匀。平整畦面，然后再播种。播种后盖严塑料薄膜，四周用土压住。白天揭苫见光，夜间盖苫保温。

四、实习实训

（一）准备

1. 材料

铁丝、塑料薄膜、草苫或保温被、竹竿、玉米秸秆等。

2. 工具

铁锹、卷尺、量角器、记录纸等。

（二）步骤与内容

1. 阳畦结构认知

到实习实训基地，观察阳畦，识别阳畦的畦框、透明覆盖物、不透明覆盖物、风障等构成部分。

2. 阳畦结构调查

用卷尺、量角器，测定阳畦的风障、畦框、覆盖物等的尺寸，将测量数据填入表 10.1。绘制所调查阳畦剖面图，并注明各部位的名称和尺寸。

表 10.1　阳畦结构观测记录表

调查日期：　　　　调查地点：

<table>
<tr><th colspan="3">调查项目</th><th>规格</th><th>备注</th></tr>
<tr><td rowspan="4">风障</td><td colspan="2">风障高度及用料</td><td></td><td></td></tr>
<tr><td colspan="2">风障与地面夹角 / (°)</td><td></td><td></td></tr>
<tr><td colspan="2">披风高度及用料</td><td></td><td></td></tr>
<tr><td colspan="2">土背高度 / 厘米</td><td></td><td></td></tr>
<tr><td rowspan="2">畦框</td><td rowspan="2">北框</td><td>高 / 厘米</td><td></td><td></td></tr>
<tr><td>顶宽 / 厘米</td><td></td><td></td></tr>
<tr><td rowspan="5">畦框</td><td rowspan="2">南框</td><td>高 / 厘米</td><td></td><td></td></tr>
<tr><td>顶宽 / 厘米</td><td></td><td></td></tr>
<tr><td rowspan="3">东框或西框</td><td>顶宽 / 厘米</td><td></td><td></td></tr>
<tr><td>南高 / 厘米</td><td></td><td></td></tr>
<tr><td>北高 / 厘米</td><td></td><td></td></tr>
<tr><td rowspan="5">覆盖物</td><td rowspan="2">薄膜</td><td>长 / 厘米</td><td></td><td></td></tr>
<tr><td>宽 / 厘米</td><td></td><td></td></tr>
<tr><td rowspan="3">草苫或
保温被</td><td>长 / 厘米</td><td></td><td></td></tr>
<tr><td>宽 / 厘米</td><td></td><td></td></tr>
<tr><td>厚度 / 厘米</td><td></td><td></td></tr>
<tr><td rowspan="2">阳畦平面</td><td colspan="2">畦长（外口）/ 厘米</td><td></td><td></td></tr>
<tr><td colspan="2">畦宽（外口）/ 厘米</td><td></td><td></td></tr>
<tr><td rowspan="2">阳畦上口</td><td colspan="2">畦长（内口）/ 厘米</td><td></td><td></td></tr>
<tr><td colspan="2">畦宽（内口）/ 厘米</td><td></td><td></td></tr>
<tr><td rowspan="2">苗床</td><td colspan="2">床宽 / 厘米</td><td></td><td></td></tr>
<tr><td colspan="2">床长 / 厘米</td><td></td><td></td></tr>
</table>

3. 阳畦建造

以早春育苗用的抢阳畦建造方法为例。

（1）选择场地　选择地势较高，背风向阳，周围无遮光物，便于浇水，东西向延长的地块，用于建造阳畦。

设定阳畦规格，设定阳畦内口宽度 1.5 米左右，内口长 7 米左右；北框高 50 厘米，南框高 30 厘米，东西框与南北框按自然坡度衔接；所有畦框上宽 30 厘米，下宽 40 厘米。

（2）浇水造墒　应在入冬时节土壤封冻前建好阳畦，京津冀地区以 10 月底至 11 月上中旬前建好为宜。

土壤湿度要合适，如果湿度太低，畦框不坚固；湿度太高，则操作不便。可在作畦的前 3 天左右浇水，当土壤湿度适中时建畦框。

（3）定位划线　确定阳畦畦面的具体位置，用木棍标出四角位置，然后根据预定的长度、宽度，用白灰或细线绳等标记物标出边框内侧位置（图 10.3）。

图 10.3　放线定位

图 10.4　筑畦框

（4）挖土作畦　将标线内地表 20 厘米厚的表土挖出，堆放于边框外侧，以备回填。然后再向下挖出约 40 厘米深，把挖出的土堆在四周用于制作畦框（图 10.4）。先筑北框，依次筑东西框、南框。畦框要夯实。筑完畦框后用铁锹切削修整（图 10.5）。然后，回填表土，整平畦面（图 10.6）。

图 10.5　把边框内部切削平整

图 10.6　做好畦框的阳畦

（5）设置风障　抢阳畦采用倾斜风障。畦框做成后，在北畦框外 20 厘米处挖 1 条沟，沟深 25 ～ 30 厘米，挖出的土翻在沟北侧。

沟内插入秸秆夹成1排篱笆（向南倾斜与地面呈70° ～ 80°），材料为芦苇、高粱秸或玉米秆等，并将土回填到风障基部。为增强其抗风性能，风障内每隔 1 ～ 2 米可随秸秆插入数根竹竿或木杆作为加强杆。为了提高保温效果，风障北侧下面用稻草或草苫做成披风。距地面 1 米左右绑一道横杆把风障和披风夹住、捆紧。披风后面筑起土背，并用锹拍实。

（6）覆盖畦面　覆盖塑料薄膜，采用平盖法，即把薄膜覆盖在竹竿支架上，先将北框上的薄膜边缘用泥压好，待播种或分苗后将其余三边封严。在薄膜上边需用尼龙绳或竹竿压牢，以防大风把薄膜刮开。播种后，覆盖草苫或保温被。

五、问题思考

1. 走访周边地区菜农，了解阳畦的建造方法、应用范围和使用效果，分析如何优化当地阳畦结构。

2. 找出槽子畦、抢阳畦的结构异同点，分析因结构的不同会导致哪些性能差异。

3. 思考阳畦这种简易设施，对其他更先进的设施建设有何借鉴意义。

项目 11　电热温床铺设

一、学习目标

通过学习与实践，掌握与电热温床有关的名词或专业术语，学会电热温床的铺设方法，为应用电热温床进行蔬菜育苗做技术准备，并为将来把电热温床作为提高地温的手段做技术准备。

二、基本要求

（一）知识要求

1. 知识点

理解电热温床的概念。了解电热线的布线原则。理解有关公式的计算方法。

2. 名词术语

理解下列名词或专业术语：电热温床、床基、床底、隔热层；电热线、绝缘层；控温仪、控温范围、热敏电阻、交流接触器；电能、热能、设定地温、基础地温；电热温床总功率、功率密度、电热线根数、布线条数、布线平均间距；铺线、埋线。

（二）技能要求

能在参看本项目提供公式和相关资料的前提下，根据栽培地区、栽培季节、栽培设施确定功率密度，并根据电热线功率、苗床面积等按步骤计算出布线平均间距。能够进行铺线、埋线操作，并能对操作过程进行口头表述。

三、背景知识

（一）电热温床的概念

电热温床是利用电流通过电阻较大的导体（电热加温线）将电能转换成热能，从而提高土壤温度的一种简易设施。

1 度电约可产生 3 599.83 千焦的热量。

（二）电热温床的特点

1. 优点

电热加温具有发热快、床温可控性好、不受外界气候影响的优点。因此，用电热温床育苗能有效解决冬季及早春育苗中地温显著偏低的问题；育苗过程中温度有保障，幼苗质量高。另外，设备一次性投资小，易于拆除，利用率高；自动化程度高，节省劳动力。

2. 缺点

受电力的限制，耗电量大。

（三）电热温床的主要组件

1. 电热加温线

电热加温线简称电热线、地热线，由内部的电热丝和表面的绝缘层构成，电热丝采用合金材料，绝缘层采用耐高温聚氯乙烯或聚乙烯注塑，厚度在 0.7 ～ 0.95 毫米之间，比普通导线厚 2 ～ 3 倍。导线和电热线接头处采用高频热压工艺，确保不漏水、不漏电。

2. 控温仪

农用控温仪的控温范围一般在 10 ～ 40℃，灵敏度 ±0.2℃。以热敏电阻做测温头，以交流接触器的触点做输出，仪器本身工作电压 220 伏，最大荷载 2 000 瓦。

3. 交流接触器

当电热线总功率大于控温仪额定负载（2 000 瓦）时，必须加交流接触器，否则控温仪易被烧毁。交流接触器的工作电压有 220 伏和 380 伏两种，根据供电情况灵活选用。

（四）电热温床功率密度确定

电热温床的功率密度是指单位面积苗床需要的电热功率，用每平方米铺设电加温线的瓦数表示，单位为瓦 / 平方米。

功率密度越大，则苗床温度升温越快。功率密度太大，升温虽快，但增加设备成本及缩短控温仪的寿命；功率密度太小，达不到育苗所要求的温度。

适宜的功率密度与设定地温和基础地温有关。设定地温为育苗所要求的人为设定的温度，一般指在不设隔热层条件下通电 8 ～ 10 小时所达到的温度。基础地温为在铺设电热温床但未加温时的 5 厘米土层的地温。电热温床适宜的功率密度可参考表 11.1，如设有隔热层，其适宜功率密度可降低 15%。不同地区的气候条件有差异，选用功率密度也不尽相同，河北地区的功率密度选择可参照表 11.2。

表 11.1　电热温床功率密度选定参考值　　单位：瓦 / 平方米

设定地温	基础地温			
	9 ～ 11℃	12 ～ 14℃	15 ～ 16℃	17 ～ 18℃
18 ～ 19℃	110	95	80	—
20 ～ 21℃	120	105	90	80
22 ～ 23℃	130	115	100	90
24 ～ 25℃	140	125	110	100

表 11.2　河北省不同地区冬春季节育苗用电热温床参考功率密度　单位：瓦 / 平方米

地区	河北中南部地区		河北北部地区	
育苗时间	春季	冬季	春季	冬季
日光温室育苗	50 ～ 70	70 ～ 90	70 ～ 90	90 ～ 120
小棚阳畦育苗	80 ～ 100	90 ～ 120	100 ～ 120	130 ～ 140

（五）布线计算

根据以下公式计算电热线根数、布线条数、布线平均间距。

总功率 = 育苗总面积 × 功率密度

电热线根数＝总功率 / 电热线的额定功率

注意，电热线不能截断使用，故根数只能取整数。

苗床内布线条数＝（线长－苗床宽度）/ 苗床长度

为了方便接线，应使电热线两端的导线处在苗床的同一侧，故布线条数应取偶数。假如最后一趟线不够长，可中途折回。

布线平均间距＝苗床宽度 /（布线条数－ 1）

实际布线间距可根据苗床中温度分布状况作适当调整，一般中间稀些，两边密些。

（六）注意问题

严禁成卷电热线在空气中长时间进行通电试验或使用。铺线时电热线不能交叠、打结，以免接触处绝缘层因过热而熔化，只允许在引出线上打结固定。电热线不得接长或剪短使用。所有电热线的使用电压都是220伏，多根线之间只能并联，不能串联，且总功率不应超过2 000瓦。使用电热线时应把整根线（包括接头）全部均匀埋入土中，线的两头应放在苗床的同侧。从土中取出电加温线时禁止硬拉硬拔或用锄铲横向挖掘，以免损伤绝缘层，要擦干净后保存在阴凉干燥处。旧电热线使用前应作绝缘检查。

四、实习实训

（一）准备

1. 材料

电热线、电线、小木棍或小竹棍、塑料薄膜、插座、插头、控温仪、交流接触器。

2. 用具

电工工具，如测电笔、钳子、绝缘胶布等；常用农具，如铁锹、钉耙等。

3. 人员

安排具有电工资质（持有电工进网作业许可证）的专业人员辅导，不能由师生操作的涉电作业，安排专业人员完成。

（二）内容与步骤

1. 床基制作

（1）位置选择　电热温床的床基选择对电能的利用率影响很大，为节约电能，电热温床的床基应设在日光温室、阳畦等保护设施内。在日光温室中，床基应设在光照、温度条件最好的温室中部位置。

（2）面积计算　苗床面积根据用苗量确定。

苗床面积（平方米）＝单个营养钵占地面积（平方米）× 需苗量（棵）

（3）平整床基　传统的电热温床需要铺床底，先把表层20厘米土层取出，然后铺5厘米厚的隔热层（如锯末），隔热材料上盖1层塑料薄膜，塑料薄膜上压3厘米厚的床土，用脚踩一遍，耧平。铺电热线，然后再铺床土，之后摆放营养钵或育苗盘（图11.1）。

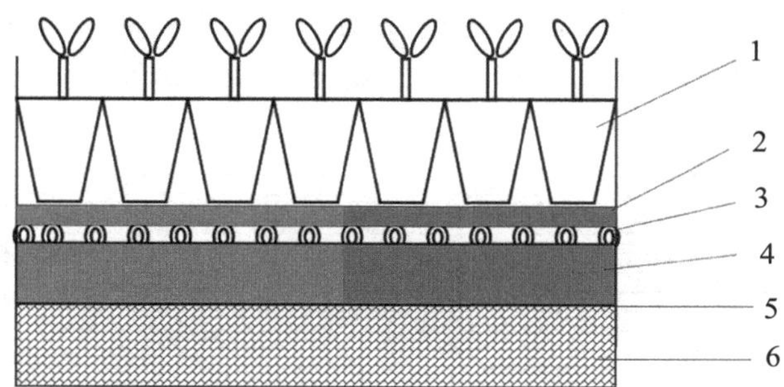

1. 营养钵；2. 床土（2厘米）；3. 电加温线；4. 床土（3厘米）；5. 塑料薄膜；6. 隔热材料（5厘米）

图11.1　传统的电热温床结构横断面图

由于日光温室内温度较高，也可以不挖土建床基，不铺隔热层。在选好的床基位置，根据苗床面积，直接平整土地铺电热线。先画出苗床的边框，将床内地面铲平，浅翻耕，以利土壤积蓄水分，这样，育苗期间营养钵内的水分蒸发后，能在一定程度上得到下部土壤水汽的补充。

2. 相关指标计算

记录苗床、电热线及其他设备参数，参考本项目背景知识部分内容，确定功率密度，计算电热温床总功率、电热线根数、布线条数、布线平均间距。填写表11.3。

表11.3　电热温床制作相关数据记录表

项目	观察及计算结果记录
电热线型号	
控温仪型号	
交流接触器型号	
苗床长 / 米	
苗床宽 / 米	
基础地温 /℃	
设定地温 /℃	
功率密度 /（瓦 / 平方米）	
电热线根数 / 根	
电热线往返道数 / 道	
布线平均间距 / 厘米	

3. 铺电热线

在苗床两端，按所计算的布线间距插小竹棍。将电热线呈“几”字形绕过竹棍，不可交叉、重叠，电热线的两端设置在苗床的一端，便于连接电源（图 11.2）。铺线后，接通电源，用手摸电热线表面，如果变热即可埋线，如果不热说明未通电，检查电源连接处，同时查看电热线本身是否断裂。

1. 电热线；2. 电线

图 11.2 直接连接电源的电热温床布线图

4. 安装控温装置

苗床面积在 20 平方米以下，总功率不超过 2 000 瓦的，只安装 1 个控温仪即可；如果苗床面积大，总功率较大时，就应配备相应的交流接触器。各组件连接方法见图 11.3。

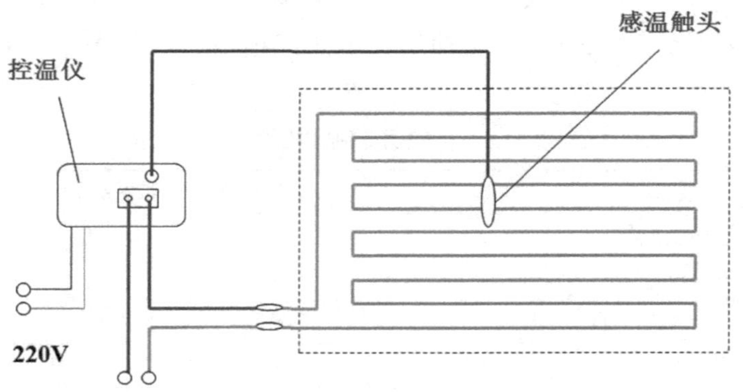

图 11.3 电热温床布线及控温仪的连接

5. 埋线

铺线后埋线，先在苗床两端插竹棍处开小沟，将电热线埋入，这样便于埋苗床中间的电热线。再沿电热线走向，在苗床上开小沟，将电热线全部埋入（图 11.4、图 11.5）。也可于铺线后在苗床表面筛细土，但需要大量细土，费时费工。

图 11.4　铺线

图 11.5　开沟埋线

五、问题思考

1. 绘制实习实训期间所制作的电热温床的平面图，标注出电热温床关键尺寸参数，以及各组件名称、规格、型号。

2. 应用练习。假设河北省秦皇岛市某公司某蔬菜育苗日光温室，计划建 6 个 10 平方米（1.65 米 ×6 米）的电热温床进行冬季育苗。请选择适宜电热线型号和数量，计算相关布线参数，并画出布线图。

项目 12　塑料大棚认知与结构测量

一、学习目标

了解当前生产上常用的塑料大棚的基本类型、基本结构和建造方法，掌握塑料大棚的结构测量方法，以便将来在现场考察相关设施时，能快速、准确进行测量并记录数据，以供改造、设计、建造塑料大棚时参考，同时也为利用塑料大棚栽培蔬菜、进行塑料大棚环境调控做好知识和技能储备。

二、基本要求

（一）知识要求

1. 知识点

理解塑料大棚的概念。了解塑料大棚的类型和特点。了解塑料大棚建造的基本流程和关键技术环节。

2. 名词术语

理解下列名词或专业术语：塑料大棚、拱棚；日光温室、草苫、保温被、后屋面、墙体、加温设备；拱架、立柱、拱杆、拉杆、吊柱、压膜线、镀锌钢管、塑料薄膜、无滴膜；有效栽培面积、保温效果、透光率、遮阴面积、保温比、高跨比。

（二）技能要求

能够测量塑料大棚结构并获得主要结构参数，能够绘制塑料大棚截面图。

三、背景知识

（一）塑料大棚的概念

塑料大棚，是塑料薄膜覆盖大型拱棚的简称，全棚透明，通常不覆盖草苫、保温被等不透明覆盖物，没有后屋面，通常也没有墙体，没有加温设备。

（二）塑料大棚的特点

与日光温室、现代连栋大型温室相比，塑料大棚结构简单，建造容易，造价低廉。有效栽培面积大，环境调控方便。保温效果比日光温室差。用塑料大棚生产的蔬菜正好填补日光温室和露地蔬菜上市的空当。

（三）塑料大棚的主要类型

通常按结构与建材对塑料大棚进行分类。

1. 有柱塑料大棚

有柱塑料大棚通常用竹竿或竹片作为拱杆，这是因为竹质材料易弯折，容易制作成弧形拱架，但由于竹质材料强度低、刚性差，拱架跨度大，在拱杆之下往往需要支撑，因此需要设置较多的立柱。

（1）全竹结构塑料大棚　用竹片和竹竿制作拱杆，用竹竿制作立柱。建材单一，造价低廉，建造方便。缺点是：竹质材料强度较低，容易朽烂，使用寿命有限；棚内立柱多，遮阴面积大，影响蔬菜生长；立柱多，田间操作不便，也不适合机械化作业（图 12.1）。

（2）竹拱水泥立柱塑料大棚　这种塑料大棚用竹片作拱杆，采用钢筋水泥立柱。与全竹结构塑料大棚相比，这种大棚立柱强度较高，所用立柱数量较少，在棚内农事操作比较方便，另外，立柱不会腐朽，使用年限相对较长（图 12.2）。

图 12.1　全竹结构大棚

图 12.2　竹拱水泥立柱大棚

（3）竹木结构塑料大棚　这是一种早期曾经被广泛使用的传统类型。用圆木作立柱，用竹片作拱杆，沿棚走向使用拉杆，拉杆上采用吊柱支撑拱杆，通过吊柱减少立柱的用量。

2. 无柱塑料大棚

（1）钢拱架塑料大棚　指用各种钢材建造拱架的塑料大棚。由于钢材的强度远高于竹竿、竹片，因此，用钢拱架塑料大棚可以不设置立柱。

钢拱架有多种：其一，钢筋焊接成的双弦拱架；其二，用镀锌钢管（上弦）、钢筋（下弦）焊接成的双弦拱架（图 12.3）；其三，用镀锌方形钢管经弯折制成的拱架（图 12.4）；其四，用各种钢型材经弯折制成的拱架；其五，用镀锌薄壁钢管配合附件组装成的拱架。

各种拱架按一定间距埋设，用多道钢筋、钢管、钢型材，通过各种方式将其连接成一体，就构成了塑料大棚骨架。

这类塑料大棚没有立柱，从而能减少遮阴，利于蔬菜生长；方便棚内作业，增加栽培面积；结构强度高，抗风抗雪；骨架经镀锌或涂漆处理，防锈蚀性能好，使用寿命长；外形美观，非焊接部分安装、拆卸方便。缺点是造价相对较高。

图 12.3　钢筋钢管拱架塑料大棚

图 12.4　镀锌方形钢管塑料大棚

（2）水泥骨架塑料大棚　水泥骨架塑料大棚分为玻璃纤维水泥和钢纤维水泥大棚两种。一般每 666.7 平方米栽培面积用钢材 300 ～ 800 千克，可抗风载 30 ～ 35 千克 / 平方米，抗雪载 40 ～ 50 千克 / 平方米。使用寿命较长。但棚架自身重量较大，移动不便，且废架处理困难。

（四）塑料大棚的结构

以传统的竹木结构塑料大棚为例说明塑料大棚的结构，其他类型大棚的构件命名多以此为参照。竹木结构塑料大棚的骨架是由立柱、拱杆、拉杆、吊柱、压膜线、塑料薄膜等组件构成的。

1. 立柱

立柱即塑料大棚之下地面上的不同高度的支柱，承受棚架和塑料薄膜的重量，并承担风、雨、雪载荷。因此，立柱垂直或倾向于应力。立柱的基部垫石块或制作混凝土基座，防止下沉。立柱埋置的深度因受力大小而不同，最深可达 50 厘米。

2. 拱杆

拱杆是直接接触并支撑塑料薄膜的横杆，由竹竿、竹片、钢筋或钢管等材料建造。横向固定在立柱或吊柱上，两端埋入地下，深度 30 ～ 50 厘米。相邻拱杆间距 0.5 ～ 1 米。

3. 拉杆

拉杆泛指连接拱架的纵向横梁。对于悬梁吊柱式塑料大棚来讲，拉杆是纵向连接立柱、固定拱杆的木杆，能使塑料大棚结构坚固，达到全棚稳定，拉杆距离拱杆 20 厘米左右。对于钢拱架塑料大棚来讲，拉杆就是方向与拱架垂直，将各拱架连到一起的钢筋或钢管。

4. 吊柱

拉杆上设吊柱，支撑拱杆，这种结构俗称“悬梁吊柱”。使用吊柱可减少立柱的数量。

5. 压膜线

覆盖塑料薄膜后，于相邻拱杆之间加一根压膜线，使塑料薄膜压紧、压平、不容易松动。压膜线要稍微低于拱杆，以利于排雨水和抗风。压膜线要耐腐蚀、耐老化，高温下不烫坏塑料薄膜。

6. 塑料薄膜

（1）薄膜种类　一般使用厚度为 0.1 毫米左右的聚氯乙烯（PVC）、聚乙烯（PE）、乙烯 - 醋酸乙烯（EVA）薄膜。

（2）覆盖方式　每棚用 2 块膜时，顶部相接处为通风口；使用 3 块塑料薄膜，两肩相接处为通风口；使用 4 块塑料薄膜，顶部 2 块于棚顶处搭接，两侧各 1 块于棚肩处搭接，通风口在顶部及两肩，共 3 道，这种覆盖方式通风良好，管理方便。各幅薄膜搭接处应重叠 50 厘米左右，四周埋入土中的薄膜约 30 厘米。

7. 出入口

出入口设在大棚的两端或一端，兼作通风口，安装门。出入口下半部还应挂半截塑料薄膜，以防早春冷风吹入。

（五）塑料大棚的建造

以早期、传统的全竹结构塑料大棚的建造流程为例说明，以掌握最基本的建造技术，之后发展出的各型塑料大棚，建造更简捷，建设速度更快，技术更容易掌握。

全竹结构塑料大棚基本棚架均为竹质材料，采用竹竿作立柱，用竹竿和竹片作拱杆，组成拱架。每道拱架下都有 1 排立柱，用拉杆将各排立柱连接起来。这种大棚通常宽 20 ～ 25 米，中央处高 2.6 米，长 50 ～ 100 米。

1. 建造准备

（1）切割　每道拱架由 4 根中部粗约 4.5 厘米、长约 5 米的竹竿和 2 根长 4 米、宽 4.2 厘米的竹片组成。按要求切割竹片、竹竿。根据要求高度，切割竹竿作立柱。同时，去除竹竿和竹片茎节处的尖锐的刺。

（2）防腐　竹竿基部插入土壤部分蘸沥青防腐。

（3）钻孔　在每根立柱上部距离顶端 5 厘米、30 厘米、55 厘米的位置分别钻孔，用于穿过固定拱杆、拉杆和托承二层幕的铁丝。

2. 埋立柱

每道拱架下高度不同的所有立柱称作一排，各立柱高度不同。大棚延长方向的、高度相同的所有立柱称作一列。按 120 厘米列间距一列一列地埋立柱。将蘸沥青竹竿的一端埋入地下，深 50 厘米。按设计要求确定露在地面以上部分的高度，同一列立柱高度要一致，各列、各排要分别对齐。

3. 绑拉杆

在距离立柱顶部 30 厘米的位置绑拉杆，将各列立柱连在一起。绑拉杆时，可用 10 号和 16 号铁丝穿过立柱上预先钻出的孔，用钳子将拉杆拧在立柱上。

4. 绑拱杆

每排立柱上有 1 道拱架，用竹竿、竹片作拱杆，每道拱架由 4 根竹竿和 2 根竹片组成。位于中间位置的 2 根竹竿较粗的一端相对，位于两侧的竹竿则是较粗的一端朝向大棚两侧。竹竿连接处，可加绑 1 根长 2 米的细竹竿加固。拱杆压在立柱的正上方，用铁丝穿过立柱顶端的钻孔加以固定，覆盖薄膜前还要在连接处缠绕一些废旧塑料条，以防铁丝腐蚀薄膜（图 12.5）。

每道拱架两端为竹片，竹片一端蘸沥青防腐，插入地下，另一端经弯折后绑在作为拱杆的竹竿之上（图 12.6）。

图 12.5　大棚中部拱杆与立柱的连接方式

图 12.6　大棚两侧拱杆与立柱的连接方式

5. 建棚头

塑料大棚两端的拱杆和立柱用于建棚头，为提高坚固性，在每 2 根立柱之间再加埋 1 根立柱，立柱高度依据拱架自然坡度而定。对每根立柱，包括加埋的立柱，再绑 1 根倾斜的支柱，支柱下部伸向棚内，插入地下，与地面呈 45° 角。用铁丝绑好，连接处缠绕塑料条，防止铁丝腐蚀或刺穿塑料薄膜。然后，像绑拉杆那样，也在支柱上绑竹竿，将支柱连接固定。再在棚头立柱上绑 3 道竹片，棚头中间位置留出入口（图 12.7）。

图 12.7　全竹结构塑料大棚的结构

6. 覆盖薄膜

春季刮风天气较多，不利于覆盖薄膜，因此，可以提前到 1 月下旬选择无风天气覆盖薄膜。选用聚氯乙烯无滴膜，宽度 20 米以上的大棚可覆盖 4 幅薄膜，每幅薄膜宽度参考裁切前薄膜幅宽确定，中间两幅较宽，侧面两幅较窄。采用扒缝放风方式，留 3 道通风口，中央 1 道，两侧各 1 道（图 12.8）。

每道拱架之间设 1 道压膜线，压膜线两端绑在提前埋于大棚两侧的地锚上（图 12.9）。

图 12.8 覆盖塑料薄膜后的竹木结构大棚

图 12.9 固定压膜线的地锚

棚头部分的薄膜下部埋入地下，棚头中部设 3 道竹片，预先在竹片上钻孔，用铅丝穿过竹片上的小孔以及薄膜，与棚内对应部位的竹片绑在一起。

四、实习实训

（一）准备

准备 50 米卷尺、1 米钢直尺、量角器；准备记录纸、记录板等；准备拍照、录像设备。

（二）内容与步骤

1. 塑料大棚结构认知

（1）观察　在校内实习实训基地或校外实习基地，观察竹木结构塑料大棚、全竹结构塑料大棚或钢拱架塑料大棚，对塑料大棚外观形成感性认识，思考塑料大棚的结构特点，思考塑料大棚与其他栽培设施在结构和性能上有何不同之处。

（2）识别　识别竹木结构塑料大棚的立柱、拱杆、拉杆、吊柱、塑料薄膜、压膜线（或卡簧卡槽）、出入口（门）、通风口等。参考图 12.10。

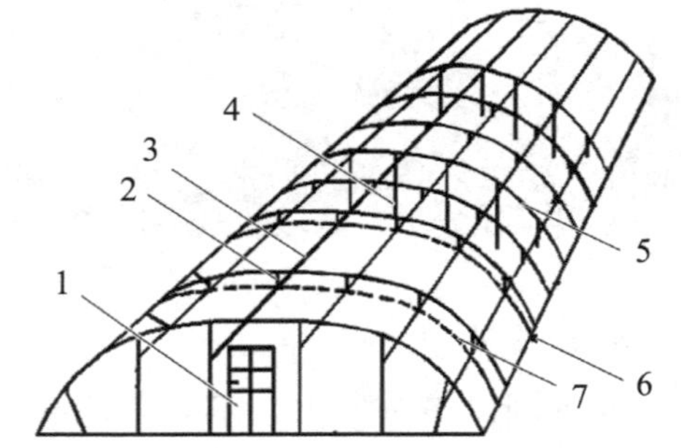

1. 出入口；2. 吊柱；3. 拉杆；4. 立柱；5. 拱杆；6. 地锚；7. 压膜线

图 12.10 悬梁吊柱式竹木结构塑料大棚示意图

2. 塑料大棚结构测量

测量塑料大棚各部分尺寸，获得主要结构参数，记入表 12.1。

表 12.1　塑料大棚结构测量记录表

调查日期：　　　　　调查地点：

<table>
<tr><th colspan="2" rowspan="2">调查项目</th><th rowspan="2">单位</th><th colspan="3">棚别</th><th rowspan="2">备注</th></tr>
<tr><th></th><th></th><th></th></tr>
<tr><td rowspan="6">基本参数</td><td>长度（棚长）</td><td>米</td><td></td><td></td><td></td><td></td></tr>
<tr><td>宽度（棚宽）</td><td>米</td><td></td><td></td><td></td><td></td></tr>
<tr><td>最高位置高度</td><td>米</td><td></td><td></td><td></td><td></td></tr>
<tr><td>肩部高度</td><td>米</td><td></td><td></td><td></td><td></td></tr>
<tr><td>高跨比
（最高位置高度 / 宽度）</td><td>—</td><td></td><td></td><td></td><td></td></tr>
<tr><td>面积（内部）</td><td>平方米</td><td></td><td></td><td></td><td></td></tr>
<tr><td rowspan="5">拱杆
（规格不同时分别记录）</td><td>材料</td><td>—</td><td></td><td></td><td></td><td></td></tr>
<tr><td>长度</td><td>米</td><td></td><td></td><td></td><td></td></tr>
<tr><td>外径</td><td>厘米</td><td></td><td></td><td></td><td></td></tr>
<tr><td>间距</td><td>厘米</td><td></td><td></td><td></td><td></td></tr>
<tr><td>数量</td><td>根</td><td></td><td></td><td></td><td></td></tr>
<tr><td rowspan="4">拉杆</td><td>材料</td><td>—</td><td></td><td></td><td></td><td></td></tr>
<tr><td>外径</td><td>厘米</td><td></td><td></td><td></td><td></td></tr>
<tr><td>间距</td><td>厘米</td><td></td><td></td><td></td><td></td></tr>
<tr><td>数量</td><td>根</td><td></td><td></td><td></td><td></td></tr>
<tr><td rowspan="4">吊柱</td><td>材料</td><td>—</td><td></td><td></td><td></td><td></td></tr>
<tr><td>规格</td><td>—</td><td></td><td></td><td></td><td></td></tr>
<tr><td>间距</td><td>厘米</td><td></td><td></td><td></td><td></td></tr>
<tr><td>数量</td><td>道</td><td></td><td></td><td></td><td></td></tr>
<tr><td rowspan="4">通风口</td><td>数量</td><td>道</td><td></td><td></td><td></td><td></td></tr>
<tr><td>设置部位</td><td>—</td><td></td><td></td><td></td><td></td></tr>
<tr><td>开闭方法</td><td>—</td><td></td><td></td><td></td><td></td></tr>
<tr><td>最大通风面积</td><td>平方米</td><td></td><td></td><td></td><td></td></tr>
<tr><td rowspan="2">出入口</td><td>高度</td><td>米</td><td></td><td></td><td></td><td></td></tr>
<tr><td>宽度</td><td>米</td><td></td><td></td><td></td><td></td></tr>
<tr><td rowspan="3">压膜线
（或卡簧卡槽）</td><td>材料</td><td>—</td><td></td><td></td><td></td><td></td></tr>
<tr><td>间距</td><td>厘米</td><td></td><td></td><td></td><td></td></tr>
<tr><td>数量</td><td>道</td><td></td><td></td><td></td><td></td></tr>
<tr><td rowspan="3">保温比
（表面积 / 土地面积）</td><td>表面积</td><td>平方米</td><td></td><td></td><td></td><td></td></tr>
<tr><td>土地面积</td><td>平方米</td><td></td><td></td><td></td><td></td></tr>
<tr><td>保温比</td><td>—</td><td></td><td></td><td></td><td></td></tr>
</table>

3. 绘制简图

根据测量结果，自选角度和图的类型，绘制塑料大棚结构简图，练习用绘图的方式，方便、直观地记录数据。图 12.11 为参考样例。

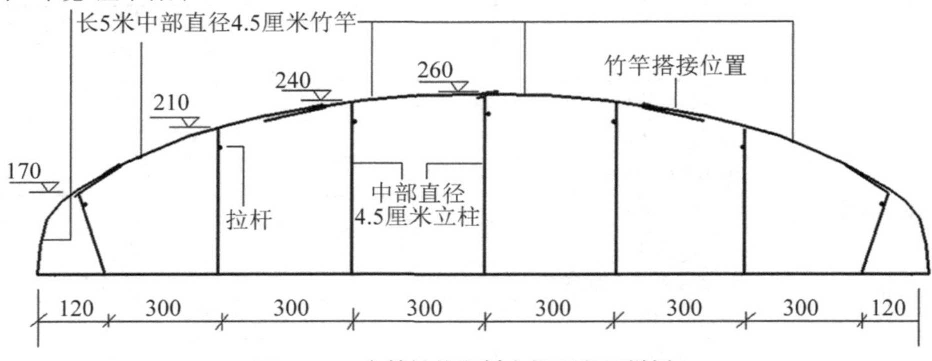

图 12.11　全竹结构塑料大棚示意图样例

五、问题思考

1. 实地调查当地各种塑料大棚的建筑材料、结构数据、建造方法，比较不同类型大棚的优缺点，结合查阅资料，尝试提出切实可行的对当地塑料大棚的改进建议。

2. 参考测量结果，以及本人的想法，绘制一张信息尽量全面的塑料大棚结构图。

项目 13　日光温室认知与结构测量

一、学习目标

通过学习和实践，了解日光温室的类型和基本结构，掌握日光温室结构的测量和数据记录方法，为将来在工作中快速记录所遇到的先进日光温室结构以供在生产中研究和应用，进行知识和技能储备。

二、基本要求

（一）知识要求

1. 知识点

掌握日光温室的分类依据及每种分类方式下所包含的主要类别。掌握日光温室的各构成部分的名称及其功能。理解日光温室主要参数的含义。

2. 名词术语

理解下列名词或专业术语：日光温室、高效节能日光温室、加温温室、塑料大棚、连栋塑料大棚、现代化连栋大型温室；前屋面、后屋面、后墙、东侧墙、西侧墙、单质墙体、复合异质墙体、防寒沟；透明覆盖物、聚乙烯薄膜、聚氯乙烯薄膜、乙烯 - 醋酸乙烯共聚膜、塑料板材；不透明覆盖物、保温被、草苫、纸被；太阳辐射、临时加温、承重、保温、贮热、导热、散热、增温、补光；方位、长度、高度、跨度、前屋面采光角、前屋面角、棚型、后屋面仰角、高跨比、脊位比、前后屋面投影比。

（二）技能要求

能对当前生产中常见的日光温室进行归类，能快速调查指定日光温室的结构并获得基本结构参数，能绘制日光温室的结构简图并在图上清晰、准确地标注高度、跨度、前屋面角度、后屋面仰角、拱架间距等数据。

三、背景知识

（一）日光温室的概念

日光温室是我国特有的一种栽培设施类型，主要在我国北方用于低温季节栽培喜温的果菜类蔬菜。

可以从以下几个方面对日光温室进行界定。从结构上讲，日光温室由墙体、后屋面、前屋面、透明覆盖物、不透明覆盖物等部分构成，尤其是后屋面的有无，是区分日光温室与各种结构经过改良的塑料大棚的关键；从热量来源讲，日光温室是以太阳辐射作为热量来源，维持温度，尽管在极端低温天气下可能使用临时加温设备来增温，但平时并不使用火炉、暖气等加温设施；从栽培效果上讲，光温性能优越的日光温室可以在冬季最寒冷时段生产喜温的果菜类蔬菜，光温性能稍差的日光温室也能在深冬之前和之后生产喜温果菜，在深冬季节至少可以生产喜冷凉或耐寒的叶菜；从外形来讲，日光温室具有向南倾斜的单坡面（前屋面），以利接收阳光。

注意，不要把日光温室与加温温室、单栋塑料大棚（含有墙体的塑料大棚和有不透明覆盖物的塑料大棚）、连栋塑料大棚、现代化大型连栋温室混淆，也不应把日光温室称作冬暖型大棚、冬暖式大棚、温室大棚、温室等。

日光温室具有采光性能好、贮热能力强、保温效果好、节约能源等特点，适合我国设施农业生产使用。

（二）日光温室的基本结构部分

日光温室基本结构包括墙体、前屋面、后屋面、透明覆盖物、不透明覆盖物、防寒沟等部分（图 13.1）。

1. 墙体

墙体分为后墙、东侧墙、西侧墙。

墙体的主要作用是承重、贮热和保温。理想的墙体结构是，内侧由吸热、贮热能力较强的材料构成贮热层，外侧由导热、散热能力很弱的材料构成保温层，同时具有较强的承重能力，且要坚固耐用。

按建材，墙体分为单质墙体和异质复合墙体两种类型。单质墙体由单一的土、砖或石块砌筑而成；异质复合墙体由分层的异质材料构成，如砖一夯

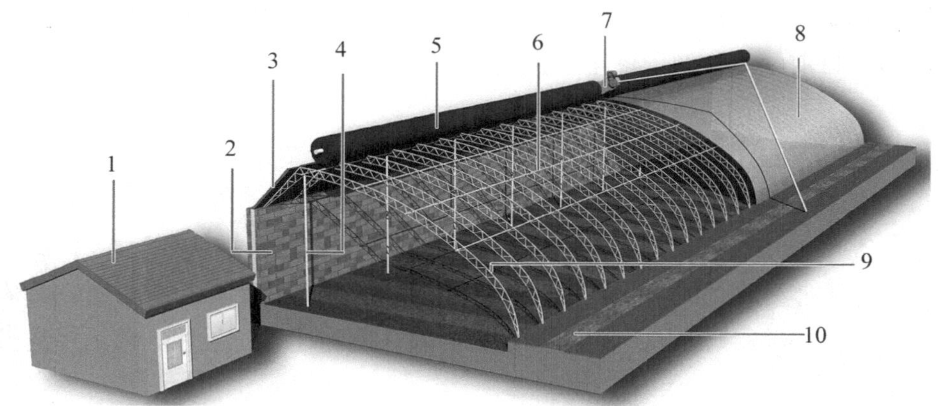

1. 缓冲间；2. 墙体；3. 后屋面；4. 立柱；5. 不透明覆盖物（保温被）；6. 前屋面拉杆；7. 卷帘机；8. 透明覆盖物（塑料薄膜）；9. 前屋面拱架；10. 防寒沟

图 13.1　日光温室结构示意图

土—砖墙、砖—空心—砖墙、砖—保温材料（聚苯乙烯）—砖墙、砖—炉渣—砖（石）墙、砖—保温材料—夯土—砖墙（注：建墙材料按由外向内排序），等等。

2. 前屋面

前屋面为采光面，呈单坡面状。前屋面骨架要既坚固又尽量减少遮光，可采用钢结构、水泥结构、竹木结构、竹结构等。

3. 后屋面

后屋面是日光温室重要的保温部分，为多层结构，通常由内向外，分别为承重支架、防水层、保温层、保护层、防水层。

4. 透明覆盖物

绝大多数用塑料薄膜作为透明覆盖材料，如聚乙烯薄膜、聚氯乙烯薄膜、乙烯 - 醋酸乙烯共聚膜等。对塑料薄膜的要求是：透光性好，保温性好，且重量轻，耐老化，无滴性好。个别日光温室使用玻璃、塑料板材。

5. 不透明覆盖物

使用保温被、草苫作不透明覆盖物，个别还使用纸被。不透明覆盖物的作用是保温，减少热量散失。

（1）保温被　保温被通常由 3 层构成，内层、外层使用保温、防水、防老化材料，如塑料薄膜、无纺布和镀铝膜，中间层使用保温材料，如针刺棉、泡沫塑料、纤维棉等。保温被的特点是：轻便、洁净、防水、保温。

（2）草苫　草苫是传统的不透明覆盖材料，具有一定厚度和密度，由稻草、蒲草制成。特点是：保温性能好，但笨重，容易因浸水而朽烂，因而使用寿命短，目前使用比例正逐年减少。

（三）日光温室的主要结构参数

日光温室结构参数主要包括：日光温室整体参数 [方位（朝向）、跨度、长度、高度]，前屋面参数 [采光角、前屋面角、棚型（拱架形状）、最高点位置]，后屋面参数（仰角、长度、厚度），墙体参数（后墙内侧高度、墙体厚度），防寒沟参数（深度、宽度），综合参数（高跨比、脊位比、前后屋面投影比）等。

1. 方位

方位反映日光温室的朝向。日光温室仅靠向阳的前屋面采光，东、西侧墙和后墙都不透光。进入日光温室的光线用于升温和蔬菜光合作用。为获得更多光照，日光温室通常朝向正南方，如果综合考虑蔬菜光合作用、增温效果、栽培季节、地理纬度等因素，朝向可以向偏东或偏西修正，例如，在河北北部地区，用于越冬茬果菜类蔬菜栽培的日光温室，一般采用南偏西 5° ～ 10° 的方位角。

2. 跨度

跨度也称净跨度，指温室内部宽度，即北墙内侧到前屋面透明覆盖物底部的水平距离。跨度大，则有效栽培面积增大，但如果温室高度、后墙高度、后屋面长度等参数不变，为了增大有效栽培面积而一味增大跨度则会降低温室的保温性。

3. 高度

高度指的是温室最高高度，即日光温室前、后屋面交界处到温室内地面的垂直距离，也称脊高或矢高。温室高度影响前屋面角度，进而影响温室进光量。

4. 前屋面角与前屋面采光角

（1）前屋面角　前屋面角指日光温室前屋面内部透明覆盖物与地面相接处，到日光温室脊部前后屋面相接点的连线，与地平面之间的夹角。

（2）前屋面采光角　在前屋面不同位置有不同的前屋面采光角数值。拱圆形前屋面某点处的采光角指该点处圆弧切线与地平面的夹角。而半拱圆形前屋面的直线部分的采光角，指直线与地平面的夹角。前屋面采光角受前屋面角、前屋面棚型影响，且影响前屋面透光率。

5. 后屋面仰角

后屋面仰角俗称“后坡角”，指日光温室后屋面内侧与后墙顶部水平线的夹角。其具体角度的确定，应保证在温室主要使用季节，后屋面不能对后墙内侧造成遮光。

6. 后屋面长度

后屋面长度指后屋面内侧的长度。后屋面是日光温室重要的保温部分，后屋面越长，说明后屋面内侧面积越大，保温结构面积占日光温室表面积的比例越高，保温效果越好。

7. 墙体厚度与高度

日光温室墙体既起承重作用，又起保温、贮热作用。因此，在材料、厚度、高度、结构的设计上，要从这 3 方面考虑。

8. 前后屋面投影比

前屋面面积的大小反映着日光温室的采光能力，后屋面面积的大小反映着日光温室的保温能力，只有前、后屋面面积比例合适，温室保温、采光性能才能达到最优。而前、后屋面的地面投影，可以粗略地反映各自的面积大小，且长度比面积更便于测量和比较，因此，前、后屋面地面投影比是能粗略衡量温室保温、采光性能的一个指标。

日光温室剖面几何参数如图 13.2 所示。

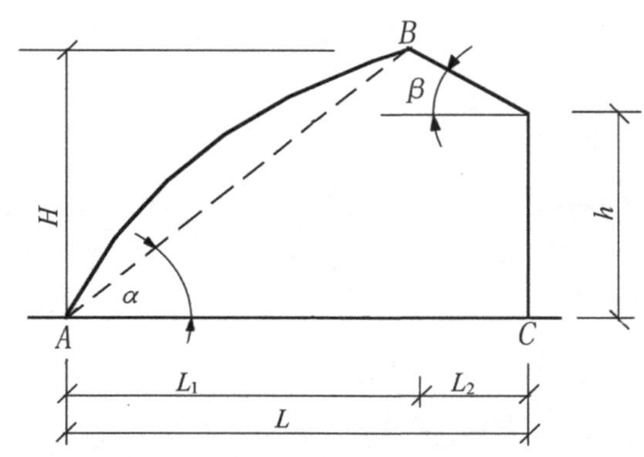

图 13.2　日光温室剖面几何参数

图中：L——跨度，前屋面接地点至北墙内侧的水平距离（米）；

L_1——前屋面投影长度（米）；

L_2——后屋面投影长度（米）；

L_1/L_2——前后屋面投影比；

L_1/L——脊位比；

H——日光温室高度（脊高）（米）；

h——后墙内侧高度（米）；

β——后屋面仰角（度）；

α——前屋面角（度）。

（四）日光温室分类

可以从日光温室前屋面形状、建筑材料、透明覆盖材料、使用时间等多角度对日光温室进行分类。

1. 按前屋面形状分类

日光温室在不断演化、改良的过程中，外形发生了较大变化，根据日光温室前屋面形状，可以把日光温室分为：一面坡温室、二折式温室（含一立一斜式温室）、三折型温室、半拱圆形温室、拱圆形温室等。当前生产中比较常用的类型是半拱圆形和拱圆形日光温室，这两种类型采光性能好，薄膜抗摔打能力强。

2. 按透明覆盖材料分类

按透明覆盖材料分类，温室可分为：玻璃温室、塑料薄膜温室、塑料板材温室等。

3. 按主要使用季节分类

按使用时间分类，温室可分为：冬用型日光温室、冬春用型日光温室、秋冬用型日光温室等。

4. 按建筑材料分类

根据温室墙体材料和拱架材料对温室进行分类时并没有统一的分类标准，习惯上可分为：土墙竹拱架日光温室（图 13.3）、砖墙钢（钢筋、钢管、钢型材）拱架日光温室（图 13.4）、土墙钢拱架日光温室（图 13.5）、砖墙水泥拱架日光温室（图 13.6）、砖墙竹拱架日光温室（图 13.7）、土墙琴弦式日光温室（图 13.8）等。

图 13.3　土墙竹拱架日光温室

图 13.4　砖墙钢拱架日光温室

图 13.5　土墙钢拱架日光温室

图 13.6　砖墙水泥拱架日光温室

图 13.7　砖墙竹拱架日光温室

图 13.8　土墙琴弦式日光温室

四、实习实训

（一）准备

1. 设施

校内实习实训基地、校外实习基地的各种日光温室。如果条件不能满足，可以采用纸质或数字图片、课件、挂图等代替实物。

2. 工具

50 米卷尺、1 米钢直尺、量角器、记录纸、记录板、A3 绘图纸。

（二）步骤与内容

1. 识别

对实习实训基地的各种日光温室进行归类，归类方法可以参见本项目背景知识部分，也可以根据日光温室具体情况，创建更合理的新分类方法和类别名称。

以一栋日光温室为例，识别温室各构成部分，说出其名称，如：前屋面、后屋面、后墙、东侧墙、西侧墙、拱架、立柱、塑料薄膜、压膜线、保温被等。

2. 观察与测量

选择一栋日光温室对其结构、材料进行观察，并测量结构获得主要参数（图 13.9）。重点观察、测量如下内容：温室长度、高度、跨度；后墙高度、厚度、建筑材料；前屋面角；拱架材料的种类、规格、数量；塑料薄膜种类、规格、数量；后屋面内侧仰角、厚度，建造材料、材料规格、材料用量等；不透明覆盖物种类、材料、规格、数量；日光温室建筑面积、栽培田面积（有效栽培面积）；计算出温室的高跨比、前后屋面投影比。

将观察与测量获得的详细信息填入表 13.1。

表 13.1　日光温室结构观察测量记录表

调查日期：　　　　　调查地点：

观察测量项目		单位	日光温室之一	日光温室之二
日光温室	长（内部）	米		
	宽（内部）	米		
	高（内部）	米		
	面积（内部）	平方米		
栽培田	长	米		
	宽	米		
	深	米		
	面积	平方米		
土地利用率（温室内部）		%		
前屋面尺寸	长（东西方向）	米		
	宽（弧长）	米		
	投影长度（南北方向）	米		
	采光面积	平方米		
通风口	通风方式	—		
	数量	个或道		
	通风口面积	平方米		
前屋面角度	前屋面角	度		
	前屋面采光角（主要受光面处）	度		
	前屋面采光角（接近地面处）	度		
人行道	宽度	米		

（续表）

观察测量项目		单位	日光温室之一	日光温室之二
临时加温设备	类型	—		
	数量	个		
	规格	—		
	位置	—		
后墙	材料	—		
	厚度	米		
	高度（内侧）	米		
	高度（外侧）	米		
侧墙	高度（最高处）	米		
	厚度	米		
后屋面	材料及组成	—		
	各层厚度	米		
	仰角（内侧）	度		
	长度（内侧）	米		
	地面投影长度（内侧，南北向）	米		
立柱	材质或用料	—		
	截面直径（或边长）	厘米		
拱架	材料	—		
	拱杆（架）尺寸	厘米		
棚架	拱架间距	米		
	拉杆直径	厘米		
	拉杆道数	道		
不透明覆盖物	材料	—		
	单幅长 × 宽	米 × 米		
	厚度	厘米		
透明覆盖物（塑料薄膜）	材料	—		
	厚度	毫米		
	上幅尺寸	米 × 米		
	中幅尺寸	米 × 米		
	下幅尺寸	米 × 米		
备注				

3. 绘制日光温室结构简图

参照建筑制图的基本要求，依据测量所得数据，绘制所测量的日光温室的截面图，练习绘图方法（图 13.10）。

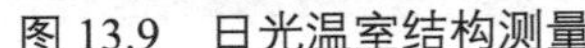

图 13.9　日光温室结构测量

图 13.10　绘制温室结构图

五、问题思考

1. 根据所学知识，口述本项目中被调查日光温室的结构，分析其特点，提出改进意见。

2. 分析日光温室结构与保温、采光的关系。

项目 14　日光温室建造

一、学习目标

通过学习与实践，熟悉日光温室建造的基本流程，掌握日光温室建造的关键技术，从而能够指导建造坚固实用、光温性能优良的日光温室。

二、基本要求

（一）知识要求

1. 知识点

掌握日光温室建造的相关知识，包括建造时间、场地选择、建造步骤等。

2. 名词术语

理解下列名词或专业术语：耕层土壤、地基、后墙、侧墙、土墙、复合墙体；前屋面、拱架、拱杆、拉杆、拉筋、吊柱；聚氯乙烯薄膜、聚乙烯薄膜、乙烯-醋酸乙烯薄膜；通风口、上通风口、下通风口；后屋面、保温材料、防水层、保温层、保护层、立柱、檩条、椽子；卷帘机、草苫、不透明覆盖物、保温被；砌筑、回填、上膜。

（二）技能要求

能够口述日光温室建造的基本流程，能够指导工人建造日光温室。

三、背景知识

在本部分，将按照日光温室建造流程，综合阐述常用类型温室的建造方法。

（一）确定建造时间

一般在雨季过后开始修建日光温室，在土壤封冻之前完工。以秋季，约 9 月至 10 月，田间作物收获后建造为宜。

（二）选择建造场地

适宜建造日光温室地块的特点是：地块东西向延长，背风；阳光充足，南面无遮阴物；远离工厂，环境未被污染，地下水、土壤、空气符合国家生产无公害蔬菜标准；水、电、路、网络等基础设施完备。

（三）准备建筑材料

根据日光温室面积及要求，将材料备齐，并对材料进行相应的初步加工处理。

（四）定位放线

按设计的总平面图要求，用线绳、滑石粉，把日光温室的位置确定到地面上，包括确定后墙、东西侧墙、工作间（缓冲间）、立柱、拱架的位置。

（五）筑墙

1. 土墙

用推土机将表层的 20 厘米深度范围内的耕层土壤移出，置于规划地块南侧。用挖掘机挖土，层层堆墙，层层用挖掘机碾实（图 14.1），也可用电动砸夯机夯实。出入口位置预先用砖做成拱圈。墙体堆好后用挖掘机从内侧切削，再把切下的土壤推平，然后将之前移出的表层土壤回填。

2. 复合墙体

用砖或水泥砌块砌筑的墙体比土墙坚固，复合墙体能兼顾保温、贮热性能和坚固性，但在相同厚度前提下，复合墙体的保温、贮热性能不如土墙。用毛石砌筑 50 ～ 60 厘米深地基，其上用砖或水泥砌块建双层或多层墙体，层与层之间用拉筋和拉手砖相连。各层墙之间留空隙，用干燥土壤填充，土壤贮热性能良好（图 14.2）。也可以用珍珠岩、炉渣、锯末等填充，但贮热性能比土壤差。东西侧墙上部形状与棚型吻合。砌筑时要做到砂浆饱满，避免产生缝隙，抹好墙面，以防透风和雨水渗漏。

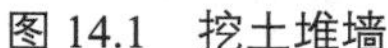
图 14.1　挖土堆墙

图 14.2　双层夹心墙体

（六）建造前屋面

1. 竹拱架前屋面

竹拱架前屋面建造方法有多种。

（1）全竹结构前屋面　用竹竿、竹片作拱杆，每道拱架均由上部的竹竿和接地部分的竹片组成。用竹竿作立柱，前屋面下设置 3 排东西向立柱，即每 1 道拱架下面都有 3 根立柱。用铁丝分别连接各排立柱。

（2）琴弦式前屋面　每隔 4 ～ 5 米设立 1 个钢筋加强架，作为主要承重结构。东西方向拉 8 号铁丝，每道铁丝间距 40 厘米。铁丝上铺拱杆，拱杆上覆盖塑料薄膜。拱杆和铁丝共同构成网格状结构，承托薄膜。铁丝穿过坚固的东西侧墙，埋入地下。每道铁丝要加 1 个紧线器，将其拉紧。

（3）悬梁吊柱前屋面　在前屋面下设置 2 ～ 3 排立柱，同一排立柱的间距为 3 ～ 4 米，立柱之上放拉杆（檩）。用竹竿和竹片作拱杆，每道拱架前端为竹片，后部为竹竿。用直径 5 厘米左右、长度 15 ～ 20 厘米木棍，两端钻孔，制成吊柱。拉杆上安装吊柱，支撑拱杆。

2. 钢拱架前屋面

以双弦钢拱架为例，预先焊接好钢拱架，完成后安装（图 14.3）。先安装东、西、中部 3 个拱架，调整高度，在其上拉线（图 14.4）。然后安装其他拱架，依据线调整高度，调好后焊接固定。拱架后部固定在后墙的圈梁上，前部固定在砖混结构基座上。

图 14.3　制作钢拱架

图 14.4　安装钢拱架

（七）建造后屋面

1. 搭建支撑架

（1）檩椽结构支撑架　先埋柱，立柱下面要放柱脚石，立柱向北倾斜 5°，各个立柱高度应一致，且排成一直线。立柱埋完后固定檩条，檩条一定要平，并在侧墙处插进至少 20 厘米深。檩上排放椽子（图 14.5）。

（2）钢结构支撑架　对于采用钢筋或钢管拱架的日光温室，直接用延伸到后墙的钢拱架作后屋面支撑架（图 14.6）。

图 14.5　檩椽结构后屋面

图 14.6　用钢拱架支撑的后屋面

2. 防水层

在后屋面支撑架上方，可铺 1 层塑料薄膜，以防水汽进入后屋面内部。

3. 保温层

防水层之上铺设保温层，如木板、草苫、聚苯乙烯泡沫塑料板、作物秸秆等。

4. 保护层

对于复合墙体温室，可以用钢筋混凝土预制板作保护层，外面贴铺防水卷材，之后抹水泥砂浆保护。对于土墙温室，可以在后屋面保温层外，抹草泥保护，外铺废旧塑料薄膜防雨。

（八）覆盖塑料薄膜

1. 选择薄膜

应选用透光性好、无滴、耐老化的薄膜，常用的塑料薄膜主要有聚氯乙烯薄膜、聚乙烯薄膜、乙烯 - 醋酸乙烯薄膜等。当前生产上使用聚氯乙烯无滴膜较多。

2. 裁切薄膜

根据通风口设计，确定所用薄膜幅数。如果设置 1 道通风口，通风口位置多在顶部距后屋面 60 ～ 80 厘米处，需要准备 2 幅薄膜。如果设置 2 道通风口，上通风口位置多在顶部距后屋面 60 ～ 80 厘米处，下通风口设在距地面 100 厘米处，需要准备 3 幅薄膜。

覆盖薄膜前，要根据前屋面长度、宽度、薄膜宽度、两端埋土部分长度、薄膜重叠部分长短及放风口位置，剪切好相应大小的 2 幅或 3 幅薄膜。薄膜长度应比温室实际长度长一些，有时甚至可以用薄膜包住部分侧墙。薄膜与后屋面外侧搭接 40 厘米以上，2 幅膜要重叠 30 厘米以上。

3. 粘合薄膜

必要时，薄膜需要拼接，比如，聚氯乙烯薄膜可以用聚氯乙烯薄膜黏合剂粘接，黏合剂的主要成分是环己酮。

先将两个粘接面擦干、擦净，不能有水或土。然后涂黏合剂，两个面都要涂，且应涂得薄而均匀，涂面应大于粘接面，以保证边缘部分粘接牢固（图 14.7）。之后根据气温适当晾置，气温高时，如 20 ～ 30℃，晾 1 ～ 2 分钟。晾置后将两粘接面紧密粘合，用手、圆辊或较软的物品压粘接面，将空气赶出，使两层薄膜紧密粘合。粘接后放置一段时间方可达到最高强度。

如果不采用卡槽、卡簧固定薄膜，处在前屋面最下部薄膜的一个边缘以及中部薄膜的两个边缘应包埋尼龙绳。分别折 4 ～ 5 厘米，在里面包埋尼龙绳，然后将绳子熨烫在里面或用聚氯乙烯薄膜黏合剂将其粘在里面（图 14.8）。这样可防止放风时撕裂薄膜，也能保证在关闭通风口时薄膜能搭接紧密。

图 14.7　用环己酮黏合剂连接薄膜

图 14.8　在薄膜边缘包埋尼龙绳

4. 上膜

选晴朗无风的天气，将薄膜覆盖到日光温室上。聚氯乙烯薄膜受热伸长率较高，覆盖薄膜以中午为宜，以让薄膜充分绷紧。

覆盖薄膜的顺序是，先覆盖前屋面最下面的一块，然后依次覆盖上部薄膜（图 14.9）。覆膜时，要把薄膜的一端固定，慢慢向温室另一端展开，拉紧，固定。接地处用土埋住。包埋有尼龙绳时，将尼龙绳拉紧，也可以使用卡槽卡簧固定（图 14.10）。

图 14.9　覆盖薄膜

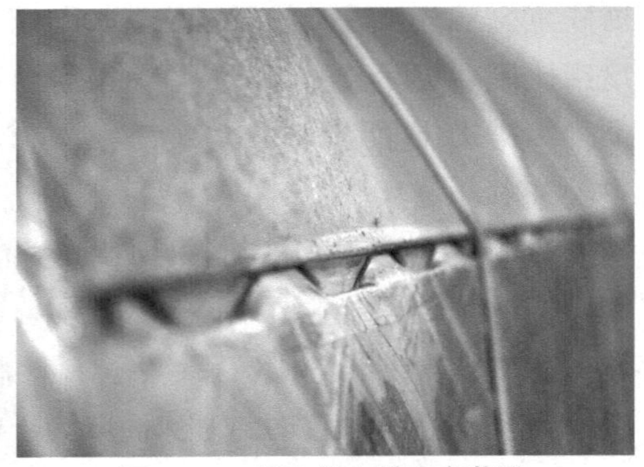
图 14.10　用卡簧卡槽固定薄膜

覆完薄膜后，把压膜线上端固定，压住薄膜，下部穿过温室前沿的地锚，拉紧。

5. 安装卷膜装置

如果使用卷膜装置，可以把处于上通风口位置的上部薄膜下方边缘、处于下通风口位置的中部薄膜下方边缘，分别卷在钢管上，用塑料卡具固定，钢管一端安装手动或电动卷膜装置，以此控制通风口开闭（图 14.11、图 14.12）。

图 14.11　手动卷膜装置

图 14.12　控制温室上通风口的电动卷膜装置

（九）覆盖不透明覆盖物

在京津冀地区，日光温室一般从 10 月底开始覆盖不透明覆盖物，11 月 15 日前完成。过去通常覆盖靠人力拉动的草苫，当前，草苫已逐步被各种保温被代替（图 14.13），而且广泛使用了卷帘机，常用的卷帘机有前屈伸臂式、侧墙伸缩臂式等（图 14.14）。

图 14.13　覆盖保温被

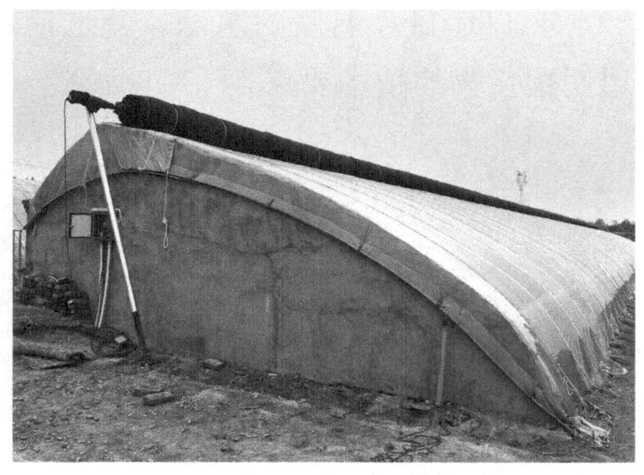
图 14.14　侧墙伸缩臂式卷帘机

四、实习实训

（一）准备

根据教学条件，灵活准备实习实训场地、方式、时间、内容。可以在秋季，约 9 月至 10 月，联系城郊正在建设日光温室的蔬菜生产基地，在适宜建造阶段，安排参观。也可以在校内实习实训基地进行覆盖薄膜、保温被操作，准备相应材料。

准备各种日光温室建设视频。

（二）步骤与内容

1. 参观

参观城郊蔬菜生产基地在建日光温室，观察日光温室建造过程，记录关键技术环节。撰写调研报告。

2. 操作

如果有条件，可在保证安全的前提下，结合自身体力和能力，积极参与学校实习实训基地覆盖薄膜、覆盖保温被等工作，体验操作技巧。

五、问题思考

1. 根据当地气候和经济特点，分析哪种日光温室最适宜当地蔬菜栽培需求。
2. 走访城郊菜农，收集日光温室建造经验。
3. 为什么有的温室覆盖 3 幅膜，而有的温室覆盖 2 幅膜？
4. 口述日光温室的筑墙、建造后屋面、建造前屋面、覆盖薄膜、覆盖不透明覆盖物的技术要点。

项目 15　日光温室性能观测

一、学习目标

通过用传统方法对反映日光温室性能的几个主要环境指标进行观测，了解日光温室内部温度、光照、湿度的空间分布特点及日变化规律，了解环境对蔬菜生长发育的影响，学会设施环境的观测方法，学会分析数据，并通过分析数据对设施性能进行初步评价。同时，对设施环境学形成初步认识，为研究设施性能和调控设施环境打下基础。

二、基本要求

（一）知识要求

1. 知识点

理解日光温室主要环境指标的含义，理解日光温室环境变化规律。

2. 名词术语

理解下列名词或专业术语：设施环境、小气候、空间分布、日变化、年变化；温度、空气温度（气温）、土壤温度（地温）、最高温度、最低温度、平均温度；湿度、空气湿度、空气相对湿度、空气绝对湿度、土壤湿度；光照、光照强度（光强）、光质、光照长度（光长）；气体、二氧化碳、有害气体；通风干湿球温度计、照度计、曲管地温表、地面温度表；最高最低温度表。

（二）技能要求

能够对日光温室的主要环境指标进行观测，能够从光照、温度、湿度角度对日光温室性能进行评价。

三、背景知识

（一）设施环境的概念

设施环境，俗称“小气候”，是指在特定设施内形成的局部气候，这种气候的特点主要表现在温度、湿度、光照、气体等指标的数值及其变化规律上。

（二）设施环境的主要指标

设施环境特点与露地差异较大，对蔬菜生长发育影响相对较大的环境指标（环境因子）是温度、湿度、光照、气体。

1. 温度

温度指标包括空气温度（简称气温）和土壤温度（简称地温）。除了用具体数值表示温度高低外，还可以选择重要节点的温度数值，比如最高温度、最低温度、平均温度等，表示温度性能。

2. 湿度

湿度包括空气湿度和土壤湿度，其中空气湿度又分为空气相对湿度和空气绝对湿度，通常提到空气湿度是指空气相对湿度。

3. 光照

描述光照的具体指标有光照强度、光质、光照长度（简称光长）等。

4. 气体

体现气体环境的指标主要有二氧化碳浓度、有害气体种类和含量等。

设施内环境受外界的影响很大，同时设施的结构也对环境有影响，而且各环境指标的具体数值在设施内还存在空间分布上的差异。

（三）设施环境与蔬菜生产的关系

塑料大棚、日光温室、现代大型连栋温室是蔬菜生产的主要设施，其内部环境与蔬菜生长发育密切相关。在设施栽培过程中，种植者对环境的调控能力比露地强很多。种植者应该充分了解设施内的光照、温度、湿度等条件及其在设施内的分布规律，根据蔬菜对环境指标的要求，采取相应的调控措施，改善设施内环境，人为地创造出蔬菜生长发育所需的最佳的综合环境条件，尽可能使蔬菜与环境间协调、统一、平衡，充分发挥蔬菜本身的特性，从而获得优质、高产的栽培效果。

四、实习实训

（一）准备

1. 场地

日光温室。

2. 仪器与工具

准备传统环境测量仪器，包括：通风干湿球温度计；照度计；曲管地温表、地面温度表、最高最低温度表、水银或酒精温度计等。准备线绳、纱布、竹竿、卷尺、铁铲等工具。如条件许可，也可以使用较先进的仪器，如具有自动记录功能的温度计、湿度计、照度计，以及具有存储功能的电子测量仪器，来代替传统仪器。

3. 人员安排建议

对参与实习实训人员进行分组，组内进行分工；时间上还可以分班或轮换。可以根据人数、条件，对观测点的数量、观测时间进行筛选或调整。每人负责某观测点、某时间段、某项指标。专人负责指标汇总和绘图。最后，在教师指导下，对指标进行分析，总结日光温室内的气温、地温、光照强度、空气湿度的变化规律。

（二）步骤与内容

1. 气温分布情况观测

（1）气温观测　在日光温室东西方向上选 3 个垂直剖面（东、西、中），间距相等。对每个剖面再沿南北方向至少设 3 个观测位置（南、北、中），间距相等，共 9 个观测位置。此外，如果条件许可，也可设置更多观测位置，比如可每隔 50～100 厘米设置 1 个，观测效果会更好。同一位置设置 1 串温度计，最下方的 1 个温度表的感应球底部要距地面 50 厘米以上，其上每隔 50 ～ 100 厘米距离设置 1 个温度计观测点，最上部温度计感应球顶部距薄膜不得短于 20 厘米。

观测时间为 2：00、6：00、10：00、14：00、18：00、22：00，也可选取重点时间点观测，如上午 8：00、午后 14：00、晚上 20：00，如果有条件，还可每小时观测 1 次。多人同时读数，读取 1 遍后，按相反的读数顺序，再读 1 遍，以抵消观测时间不同造成的误差（图 15.1）。然后，将观测数据记入表 15.1。

图 15.1　观测气温

在露地设置 1 个观测位置即可，高度与日光温室内温度计高度对应，观测时间与日光温室内观测时间相同。

（2）绘制空气温度空间变化曲线　根据各观测时间点获得的多张表格中的数据，分析空气温度在东西、南北、上下 3 个方向上的空间分布特点。选某一时间点、某一方向，绘制空气温度空间变化曲线。也可以合理分工，分别绘制全部观测时间点、3 个方向的空气温度空间变化曲线。还可以绘制日光温室剖面图，选某时间点，在日光温室剖面图相应高度位置标出对应的空气温度，并标注同一时间露地的空气温度，从而直观地反映日光温室空气温度空间分布情况。

表 15.1　设施气温空间分布情况观测记录表（单位：℃）

观测位置：　　　　观测时间：　年　月　日　时　　　天气状况：

观测高度	观测次别	南部				中部				北部				室内	露地
		东	中	西	平均	东	中	西	平均	东	中	西	平均	平均	
50 厘米	1														
	2														
	平均														
100 厘米	1														
	2														
	平均														
150 厘米	1														
	2														
	平均														
200 厘米	1														
	2														
	平均														
250 厘米	1														
	2														
	平均														

（3）绘制空气温度时间变化曲线　根据各观测时间点获得的多张表格的

数据，分析各个观测点空气温度在时间上的变化（日变化）特点。选某观测点，绘制空气温度时间变化曲线。也可以合理分工，绘制全部观测点空气温度时间变化曲线。

2. 地温分布情况观测

在日光温室内按东、中、西和南、中、北设置 9 个观测位置。地面放置地面温度表、最高最低温度表，埋设深度 5 厘米、10 厘米、15 厘米、25 厘米曲管地温表。

观测时间为 2：00、6：00、10：00、14：00、18：00、22：00，也可选取重点时段，如上午 8：00、午后 14：00、晚上 20：00，如果有条件还可每小时观测 1 次。

多人同时读数，读取 1 遍后，按相反的读数顺序，再读 1 遍，以抵消观测时间不同造成的误差（图 15.2）。然后，将观测数据记入表 15.2。

图 15.2　观测地温

表 15.2　设施地温空间分布情况观测记录表（单位：℃）

观测位置：　　　　观测时间：　年　月　日　时　　天气状况：

土壤深度	观测次别	南部				中部				北部				室内	露地
		东	中	西	平均	东	中	西	平均	东	中	西	平均	平均	—
0 厘米	1														
	2														
	平均														
5 厘米	1														
	2														
	平均														
10 厘米	1														
	2														
	平均														
15 厘米	1														
	2														
	平均														
25 厘米	1														
	2														
	平均														

3. 空气湿度分布情况观测

（1）空气湿度测量　在与观测气温的相同位置设置干湿球通风表。观测时间可以与气温观测时间相同，也可以选有代表性的观测时间点，如上午8：00、午后14：00、晚上20：00。观察干、湿球温度，将观测值记入表15.3，得出空气相对湿度，同样写在表中。

表 15.3　设施空气湿度观测记录表

观测位置：　　　　　观测时间：　年　月　日　时　　　天气状况：

观测高度	指标	观测次别	南部				中部				北部				室内	露地
			东	中	西	平均	东	中	西	平均	东	中	西	平均	平均	—
50 厘米	干球 /℃	1														
		2														
		平均														
	湿球 /℃	1														
		2														
		平均														
	湿度 /%															
100 厘米	干球 /℃	1														
		2														
		平均														
	湿球	1														
		2														
		平均														
	湿度 /%															
150 厘米	干球 /℃	1														
		2														
		平均														
150 厘米	湿球	1														
		2														
		平均														
	湿度 /%															
200 厘米	干球 /℃	1														
		2														
		平均														
	湿球 /℃	1														
		2														
		平均														
	湿度 /%															

（续表）

观测高度	指标	观测次别	南部				中部				北部				室内	露地
			东	中	西	平均	东	中	西	平均	东	中	西	平均	平均	—
250 厘米	干球/℃	1														
		2														
		平均														
	湿球/℃	1														
		2														
		平均														
	湿度 /%															

（2）绘制空气湿度空间变化曲线　根据各观测时间点获得的多张表格的数据，分析空气湿度在东西、南北、上下 3 个方向上的空间分布特点。选某一时间点、某一方向，绘制空气湿度空间变化曲线。也可以合理分工，绘制全部观测时间点、3 个方向的空气湿度空间变化曲线。还可以绘制日光温室剖面图，选某时间点，标出各观测点的空气湿度，并标出露地同一时间空气湿度，直观地反映日光温室空气湿度空间分布情况。

（3）绘制空气湿度时间变化曲线　根据各观测时间点获得的多张表格的数据，分析各个观测点空气湿度在时间上的变化（日变化）特点。选某观测点，绘制空气湿度时间变化曲线。也可以合理分工，绘制全部观测点空气湿度时间变化曲线。

4. 光照强度分布情况观测

（1）光照强度观测　观测位置选择与气温观测相同。观测时间（夜间除外）可以与气温观测相同，如有条件，最好每小时测量 1 次，光照强度变化迅速的节点可每半小时观测 1 次。在设施内部以及露地同时测量，观测时，各点来回各测 1 次，两次读数均记入表 15.4 内，求出平均值（图 15.3、图 15.4）。

图 15.3　教师讲解照度计使用方法

图 15.4　测量光照强度

表 15.4　日光温室光照强度观测记录表

观测位置：　　　　观测时间：　年　月　日　时　　天气状况：

观测高度	观测次别	南部				中部				北部				室内	露地
		东	中	西	平均	东	中	西	平均	东	中	西	平均	平均	—
50 厘米	1														
	2														
	平均														
100 厘米	1														
	2														
	平均														
150 厘米	1														
	2														
	平均														
200 厘米	1														
	2														
	平均														
250 厘米	1														
	2														
	平均														

（2）绘制光照强度空间变化曲线　根据各观测时间点获得的多张表格的数据，分析光照强度在东西、南北、上下 3 个方向上的空间分布特点。选某一时间点、某一方向，绘制光照强度空间变化曲线。也可以合理分工，绘制全部观测时间点、3 个方向的光照强度空间变化曲线。还可以绘制日光温室剖面图，选某时间点，标出各观测点的光照强度，并标出露地同一时间光照强度，直观地反映日光温室光照强度空间分布情况。

（3）绘制光照强度时间变化曲线　根据各观测时间点获得的多张表格的数据，分析各个剖面、观测位置、观测点的光照强度在时间上的变化（日变化）特点。选某观测点，绘制光照强度时间变化曲线。也可以合理分工，绘制全部观测点光照强度时间变化曲线，还可以绘制各个剖面、观测位置时间变化曲线。

五、问题思考

1. 依据观测得到的气温、地温、湿度、光照数据，以及绘制的各指标空间、时间分布图，分析日光温室中各环境指标的变化趋势。

2. 分析日光温室中环境变化与蔬菜生长发育的关系。

3. 为了降低日光温室内气温、光照强度、空气湿度空间分布差异对蔬菜造成的负面影响，思考生产上可以采取哪些措施。

单元三 播种育苗

BO ZHONG YU MIAO

项目 16 种子处理

一、学习目标

通过学习和实践，理解种子处理在育苗及蔬菜栽培中的意义，掌握种子消毒、浸种、催芽技术。为将来从事与蔬菜育苗相关的工作、科学研究打下技术基础，并提高实践操作能力，培养科学严谨的工作态度和创新精神。

二、基本要求

（一）知识要求

1. 知识点

了解种子发芽的过程，了解种子发芽与环境的关系。理解各种种子处理方法的原理和目的。掌握种子处理的关键技术，掌握种子处理过程中的主要参数。

2. 名词术语

理解下列名词或专业术语：发芽过程、吸胀、萌动、发芽；物理吸水阶段、生理吸水阶段；子叶出土型、子叶留土型、嫌光型、喜光型；种皮、胚、胚乳、发芽孔；子叶、真叶、上胚轴、下胚轴、胚根；种子处理、种子消毒、药剂消毒、药剂拌种、药剂浸种、种衣剂、温汤浸种、热水烫种；浸种、催芽。

（二）技能要求

能够进行温汤浸种、热水浸种以及一般浸种的操作。能够对指定蔬菜种子进行播种前处理。

三、背景知识

（一）种子的发芽

1. 发芽过程

发芽过程就是在适宜的温度、水分和氧气条件下，种子的胚利用种子贮存的营养进行生长的过程。在生物化学上是种子形成的逆过程，本质是种子内贮备的高分子态物质转化为低分子态营养，供胚生长发育。

整个发芽过程要经过吸胀、萌动与发芽 3 个步骤。

（1）吸胀　种子吸水膨胀分为 2 个阶段——物理吸水阶段和生理吸水阶段。在各阶段，水分进入种子的速度和量，取决于种皮构造，胚及胚乳的营养成分，以及环境条件。

①种皮的影响　种皮容易透水的蔬菜有十字花科蔬菜、豆科蔬菜、部分茄科蔬菜如番茄、部分葫芦科蔬菜如黄瓜等；透水困难的蔬菜种子有茄子、西瓜、苦瓜、葱、菠菜等。

②营养的影响　在营养物质中，蛋白质含量多的种子吸水多而快；脂肪和淀粉含量多的种子，吸水少而慢。

③环境的影响　在物理吸水阶段，影响吸水的主要因子是温度；在生理吸水阶段，除温度外还与氧气有关。

（2）萌动　种子吸足水分后，种皮变软，内含物吸胀作用使种皮破裂，从而有利于胚细胞呼吸过程中吸收氧气和排出二氧化碳。原生质由凝胶状态变成溶胶状态，酶开始活动，增强了胚的代谢活动，种子开始萌动。

（3）发芽　在一系列复杂的生理生化变化后，胚细胞开始分裂、伸长，进而胚根伸出发芽孔，俗称为“露白”或“破嘴”，种子开始发芽。

幼芽出土有两种类型。

①子叶出土型　子叶出土型指开始发芽后，胚轴伸长，顶着子叶破土而出的幼苗出土类型，如白菜类，瓜类，根菜类，绿叶菜类，茄果类，豆类中的豇豆、菜豆等种子的幼芽出土就属于这种类型。对于子叶出土的种子，播后覆土过厚则会影响正常出苗。

②子叶留土型　由于下胚轴不伸长，而由上胚轴伸长把幼芽顶出土面，子叶则留在土壤中，贴附在下胚轴上，直到养分耗尽分解，如豆类蔬菜中的蚕豆、豌豆等。

2. 发芽与环境的关系

不同蔬菜种子发芽所要求的环境条件不同，因此催芽、播种技术也不同。

（1）发芽与温度　按种子发芽对土壤温度的反应，可将蔬菜分为3种类型。其一，中温发芽型，如莴苣、菠菜、茼蒿、芹菜等；其二，高温发芽型，如甜瓜、西瓜、南瓜、番茄、黄瓜等；其三，广适发芽型，发芽适温范围较广，如萝卜、白菜、甘蓝、芜菁、葱等。

（2）发芽与水分　按种子发芽对土壤水分要求的严格程度，可大致分为4级，即严格、比较严格、不太严格与不严格。比如，芹菜种子发芽对水分的要求严格；莴苣、豌豆等蔬菜种子发芽对水分要求比较严格；胡萝卜、菜豆等蔬菜种子发芽对水分要求不太严格；甘蓝、南瓜、西瓜、番茄、西葫芦、甜瓜、辣椒、黄瓜、洋葱、菠菜等蔬菜种子发芽对水分要求不严格。

（3）发芽与气体　种子在发芽过程中，营养物质的分解和运转，依靠旺盛的酶促动，因此需要吸收大量氧气。通常，环境中氧浓度增高时促进发芽，二氧化碳浓度增高则抑制发芽。

（4）发芽与光照　不同蔬菜种子发芽对光照的反应有差别。

①嫌光型　嫌光型指在黑暗条件下发芽良好，在有光条件下发芽不良的种子，茄果类、瓜类、葱蒜类蔬菜种子都属于嫌光型。

②喜光型　喜光型指在有光条件下发芽比黑暗条件下发芽更好的种子，如菊科的莴苣，伞形科的芹菜、胡萝卜等的种子都属于喜光型。在黑暗条件下发芽需要较高温度，而在有光条件下低温反而能促进发芽。因此，喜光型种子在见光条件下催芽效果更好。

③不敏感型　有一些蔬菜种子，如豆类中的一部分，以及萝卜等，发芽时对光不敏感。

（二）播前种子处理的目的

种子处理的目的主要有：清选；消毒；促进发芽；促进形成壮苗；增强胚和幼苗抗逆性；打破休眠；春化；诱变等。最终达到高产、优质的栽培目标。

（三）播前种子处理的常用方法

1. 种子消毒

（1）化学消毒　最常用的化学消毒方法是药剂消毒。药剂消毒指利用化学药剂处理种子，以杀灭或抑制种子所携带病原物为目的的种子消毒方法。具体处理方法包括药剂拌种、药剂浸种以及种衣剂处理等。例如，用10%磷酸三钠或2%氢氧化钠的水溶液浸种15分钟，捞出洗净，有钝化番茄花叶病毒的效果。药剂消毒后必须多次冲洗，没有药液残留才能催芽或播种。

用干种子直接播种时，可采用药剂拌种方式，将药剂与种子混合均匀，使药剂黏附在种子的表面，然后播种。药剂用量一般为种子质量的0.2%～0.3%。注意药剂与种子必须都是干燥的。由于药剂用量少不易拌匀，故可加入适量滑石粉或干细土，先将药剂分散，再与种子混合。

（2）物理消毒

①干热处理　干热处理又称干热消毒，指将干燥的种子置于高温（70～75℃）下，经较长时间（2～4天），以此杀灭种子所带的病原物，使所带病毒失活的种子处理方法。这种方法可钝化病毒，是一种防止病毒病的有效方法。干热处理还可以提高种子的活力。

不同蔬菜处理时间和温度有差异。有试验表明，番茄、辣椒和十字花科蔬菜种子需在72℃下处理72小时，茄子和葫芦科的种子需在75℃下处理96小时。

进行干热处理时要注意的是：接受处理的种子必须干燥，含水量一般要低于4%；要严格控制处理时间，否则热量可能会杀死胚芽，使种子丧失发芽能力；豆科蔬菜种子耐热能力差，不能进行干热处理。

②湿热处理

温汤浸种，指用55～60℃温水，浸泡种子10～15分钟，利用较高温度，杀死种子所带的全部或大部分原核生物、真核菌类病原物的种子消毒方法。

热水烫种，指利用高温热水（85℃左右），短时间浸泡种子，以达到消毒目的，又不伤害种子的一种种子消毒方法。

2. 浸种

浸种又称普通浸种（以区别于以消毒为目的的温汤浸种和药剂浸种）。浸种是将种子浸泡于水中，在有利于种子吸水的温度下，使之在短时间内吸足从萌动到出芽所需的全部水分的措施。浸种是以种子吸水为目的，使干燥种子吸水膨胀，让种子内部营养物质开始分解转化，但并无杀菌作用。

影响浸种效果的主要因素是水温和浸种时间，不同蔬菜种子浸种的适宜水温、浸种时间范围参见表 16.1。

表 16.1　蔬菜种子浸种温度时间及催芽适宜温度

蔬菜	浸种适温范围 /℃	浸种时间 / 小时	催芽适温范围 /℃
黄瓜	20 ～ 30	3 ～ 4	20 ～ 25
南瓜	20 ～ 30	6 ～ 8	20 ～ 25
冬瓜	25 ～ 35	24 ～ 48	25 ～ 30
丝瓜	25 ～ 35	24 ～ 48	25 ～ 30
瓠瓜	25 ～ 35	24 ～ 48	25 ～ 30
苦瓜	25 ～ 35	60 ～ 72	25 ～ 30
番茄	20 ～ 30	8 ～ 9	20 ～ 25
辣椒	30 ～ 35	8 ～ 24	22 ～ 27
茄子	30 ～ 35	24 ～ 48	25 ～ 30
油菜	15 ～ 20	4 ～ 5	浸后播种
莴笋	15 ～ 20	3 ～ 4	浸后播种
莴苣	15 ～ 20	3 ～ 4	浸后播种
菠菜	15 ～ 20	10 ～ 24	浸后播种
香菜	15 ～ 20	24 ～ 36	浸后播种
甜菜	15 ～ 20	24 ～ 36	浸后播种
芹菜	15 ～ 20	36 ～ 48	20 ～ 22
韭菜	15 ～ 20	10 ～ 24	浸后播种
大葱	15 ～ 20	10 ～ 24	浸后播种
洋葱	15 ～ 20	10 ～ 24	浸后播种
茴香	15 ～ 20	24 ～ 48	浸后播种
茼蒿	15 ～ 20	10 ～ 24	浸后播种
蕹菜	15 ～ 20	3 ～ 4	浸后播种
荠菜	15 ～ 20	10 ～ 24	浸后播种

3. 催芽

催芽就是将经过浸种处理的种子置于适宜温度、湿度、通气条件下，促使种子迅速而整齐地萌动、出芽的措施。催芽是以浸种为基础，但浸种后也可以不进行催芽而直接播种。

不同蔬菜，催芽适宜温度范围不同（表 16.1），催芽时间也不同，例如，菜豆、甜瓜、黄瓜需要催芽 40 ～ 60 小时，茄子、辣椒、番茄、莴苣、南瓜需要催芽 60 ～ 80 小时，芹菜、葱、西瓜需要 70 ～ 80 小时。

四、实习实训

（一）准备

1. 材料

黄瓜、西瓜、番茄、茄子、菜豆或其他蔬菜种子。高锰酸钾、磷酸三钠。

2. 工具

塑料盆、烧杯或其他容器。玻璃棒、温度计、电炉、棉布、恒温箱。

（二）步骤与内容

1. 种子消毒

（1）热水烫种　取冬瓜种子 100 粒，置于塑料盆、烧杯或其他容器内，加 85℃热水，立即用另一个容器与之来回倒换，动作要迅速。当水温降至 55℃时，改用搅棒搅动，维持 55℃ 10 分钟。之后加冷水降至常温，进行其他处理。

（2）温汤浸种　取西葫芦、黄瓜或其他种子约 100 粒。取塑料盆、烧杯或其他容器，在其中，用约两份开水加一份凉水兑出 55℃温水，水量至少为种子体积的 5 倍以上。将种子放入温水中，不停搅拌。在搅拌过程中，如果水温降低，则加入热水，维持 55℃水温 10 ～ 15 分钟。而后加凉水使水温降至 25 ～ 30℃，再进行后续其他处理（图 16.1）。

（3）药剂浸种　取茄子或番茄种子约 100 粒。在容器中配制浓度为 0.1% ～ 0.4% 的高锰酸钾溶液。把种子放入高锰酸钾溶液中，浸泡 15 ～ 20 分钟（图 16.2）。然后捞出，用清水冲洗干净。之后可以进行下一步处理。

图 16.1　温汤浸种

图 16.2　用高锰酸钾溶液进行药剂浸种

2. 浸种

在容器中加入清水，置于室温之下。把前述经过各种种子消毒方式处理后的种子分别放入容器中，也可参考表 16.1 控制水温。各种蔬菜种子的浸种时间见表 16.1，浸种时间较长的，中间应注意换水。豆类蔬菜种子浸种时间不可过长，见种子由皱缩变鼓胀时即可捞出，防止种子内养分渗出太多而影响发芽势。记录浸种水温、浸种时间，填入表 16.2。

3. 催芽

将完成浸种的种子分别捞出，沥去多余水分，用棉布包好，放在容器中，然后将容器置于恒温箱或其他温暖位置催芽（图 16.3）。催芽适宜温度参考表 16.1。催芽过程中每天用清水冲洗 1 次种子，当胚根长度达到种子长度的一半或与种子等长时结束催芽，准备播种（图 16.4）。记录催芽温度、催芽时间、种子发芽率和发芽势，填入表 16.2。

图 16.3　将种子置于温暖处催芽

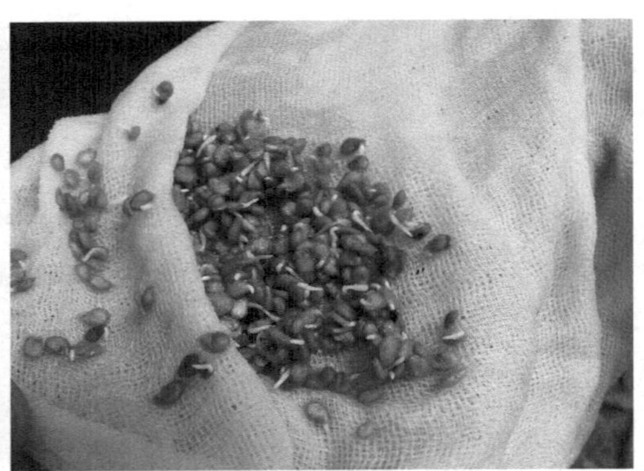

图 16.4　催芽后的番茄种子

表 16.2　浸种及催芽情况记录表

供试蔬菜种子名称	供试种子数	浸种		催芽		发芽率	发芽势
		水温	时间	温度	时间		

五、问题思考

1. 蔬菜种子在播前为什么要进行种子处理？

2. 不同蔬菜种子浸种时控制的温度、时间为什么各不相同？

项目 17　直播

一、学习目标

通过学习与实践，掌握蔬菜直播的关键技术环节，为将来从事露地直播蔬菜生产或蔬菜非容器育苗进行技术储备。培养“大国三农”情怀，以强农兴农为己任，“懂农业、爱农村、爱农民”，增强服务农业农村现代化、服务乡村全面振兴的使命感和责任感。

二、基本要求

（一）知识要求

1. 知识点

理解直播的概念，掌握播种量的确定方法，了解各种播种方法的注意事项。

2. 名词术语

理解下列名词或专业术语：直播、撒播、条播、穴播；干播、湿播、干籽播种、湿籽播种；千粒质量、发芽率、播种量。

（二）技能要求

能够计算用种量，能够按要求进行撒播、条播、穴播操作。

三、背景知识

（一）直播的概念

直播是指不经过育苗过程，将蔬菜种子直接播种到栽培田的土壤中，生长过程中不再进行移植，仅在必要时进行间苗的播种方式。

蔬菜直播技术是部分设施蔬菜和部分露地蔬菜的栽培起点，操作方法简单，成本低。但必须注意选择合适的播种期、播种方式、播种深度和播种量。

（二）确定播种量

计算播种量时，主要考虑以下因素：栽培密度、种子千粒质量、种子发芽率，还要加上 20% 的安全系数（即增加 20% 的幼苗）。

播种量计算方法为：

播种量（克 /666.7 平方米）= 种子千粒质量（克）×[幼苗数（株 /666.7 平方米）×（1+ 安全系数）]÷1000÷ 种子发芽率

（三）播种方式

1. 撒播

（1）概念　撒播是指在将种子均匀地撒在土壤中的播种方式。

（2）特点　撒播操作简单，省工，播种速度快，播种密度高。

（3）适用范围　撒播主要用于营养面积小、生长期短的露地或设施内栽培的叶菜类蔬菜。

（4）分类　依据播种与浇水的先后顺序不同，可细分为湿播和干播。

①湿播　湿播指先在平整的畦面上浇水，然后将种子撒播在湿润的土壤上，之后覆土的播种方法。湿播主要在早春低温季节蔬菜播种时采用。

②干播　干播是指将种子播在没有提前浇水的、较干燥的土壤中，播种后再浇水的播种方式。在气温、地温较高的季节，或播后可能有自然降雨时，适宜采用干播方式。

2. 条播

（1）概念　在畦面土壤上开出一条一条的沟，然后按沟播种，称作条播。

（2）特点　条播便于机械化操作，便于灌溉，土壤通气性也好。

（3）适用范围　条播多用于生长期较长、株型较大的蔬菜，如芹菜、萝卜、莴苣等；速生的小株型叶菜类蔬菜，也可以缩小株距、宽幅多行条播；有时为便于中耕、除草或间作、套作，也可将习惯撒播的蔬菜改为条播。

（4）分类　除了可以根据播种与浇水的先后进行分类外，还可以根据种子的干湿对条播进行分类。条播可细分为干籽播种和湿籽播种两种。

①干籽播种　干籽播种指用没有经过浸种和催芽处理的干燥种子播种。

②湿籽播种　湿籽播种指用经过浸种和催芽处理后的湿润种子播种。

3. 点播

（1）概念　点播是指按一定间距，将一粒种子或几粒种子为一个播种单位，分开播在穴、平畦或沟中的播种方式。

（2）特点　点播用种量小，成活率高，便于机械化操作。

（3）适用范围　点播适宜种粒较大、株行距较大、生长期较长的蔬菜，如瓜类、豆类蔬菜。

四、实习实训

（一）准备

1. 材料

各种适宜直播的蔬菜种子，如茴香、菠菜、小白菜、芫荽、莴苣、菜豆、黄瓜等，可根据农时和具体情况选择准备。

2. 用具

钉耙、铁锹、锄、开沟器、打孔器等农具。

（二）步骤与内容

1. 撒播

（1）湿播

①准备种子　选取叶菜类蔬菜种子，如茴香、菠菜、芫荽等的种子。

②准备盖种土　在播种前，按需要先从畦面起出 3 ～ 4 厘米厚的一层土，堆放在临近的栽培畦中，打碎，作为覆盖用土。

③整平畦面　将畦面用铁耙搂平，镇压，浇足底水（图 17.1）。

④播种　水渗后播种。如果浇水过多，可在水渗后在苗床上撒一薄层细土，并将低洼处用细土填平后再进行播种。分别从畦两侧撒播种子。小粒种子不易撒匀，可在种子中掺入适量细砂或细土后再播种。

⑤覆土　用铁锹或筛子将起出的土均匀地撒回原畦，覆盖种子，要求覆土厚度均匀（图 17.2）。不同种子要求的覆土厚度不同。

（2）干播　如晚春或初夏，播种韭菜、菠菜、茴香、胡萝卜等，多采用干播方式。将畦面耙平，将种子分两份，从畦两边均匀地撒播于畦面，然后用耙轻轻地划畦土，使种子进入土中，用脚踩一遍，即可浇水或等待降雨。

图 17.1　耙平畦面

图 17.2　播种后覆土盖种

2. 条播

根据季节，选用小白菜、萝卜、芥菜、韭菜、茴香、樱桃萝卜等蔬菜种子。

（1）干籽播种　浇水造墒，湿润土壤。如果处于雨季，也可趁雨后土壤墒情好，能满足发芽期对水分的需要时播种。

在整好的高垄上或平畦中按预定行距，根据种子大小、土质、天气等情况，确定开沟时间和开沟深度，将种子均匀地播于沟内，用锄推土，平沟盖种，让土壤和种子紧紧贴合在一起（图 17.3）。

（2）湿籽播种　湿籽播种要求播种时土壤必须为湿润状态，如果墒情不够，应先浇水造墒。使用经过浸种、催芽处理的种子，将其播于湿润的土壤中，播种方法同干籽一样。

图 17.3　条播

图 17.4　点播（穴播）

3. 点播

（1）开穴　按株行距开挖播种穴，注意播种穴的大小、深浅要一致。

（2）浇水　按穴浇水，如果墒情适宜可以不浇水。

（3）播种　当每穴计划用种 2 粒以上时，要将种子分开放置，不要将种子堆放在一起。置种的同时要注意选用籽粒饱满者，淘汰劣种，以保障出苗质量（图 17.4）。对于经过催芽的瓜类蔬菜种子，要平放，胚根向下。

（4）覆土　覆土时，要将土拍细碎，覆土后稍加镇压，以便种子与土壤紧密接触，利于吸水出土。

五、问题思考

1. 确定某种蔬菜所应采用的播种方式，其依据是什么？

2. 查阅资料，了解直播机械在蔬菜播种中的应用情况。

项目18　营养土配制

一、学习目标

通过学习和实践，了解营养土组分的确定依据，掌握营养土配制流程，为采用传统方式进行蔬菜育苗做技术准备，同时理解育苗技术发展历程，为掌握更先进的育苗技术打下基础。培养分析问题能力，培养探究事物本源的科学精神，培养理论联系实际的应用能力，培养精益求精的工匠精神。

二、基本要求

（一）知识要求

1. 知识点

理解营养土的概念，了解营养土的组成，掌握营养土配制技术的关键环节。

2. 名词术语

理解下列名词或专业术语：有机肥、菜园土、大田土、疏松物、团粒结构、大量元素、微量元素；土传病害、病原菌；化肥、杀菌剂、疏松物；物理性质、保水保肥、气水环境。

（二）技能要求

能够按要求选择配制育苗用营养土的原料，能够按适宜配比，配制蔬菜育苗用营养土。

三、背景知识

（一）营养土的概念

营养土是指用大田土、有机肥、化肥、杀菌剂、疏松物等组分，经过混合，配制而成的能为幼苗根系提供优良的气水环境，且养分充足的育苗用土。

蔬菜育苗期间，幼苗密度大，吸收养分多，加之幼苗根系弱，吸收能力差，若土壤中营养不足，将严重影响幼苗生长发育，因此，不宜直接使用普通土壤育苗，而需要人工配制育苗用营养土。

（二）蔬菜育苗对营养土的要求

1. 物理性质良好

营养土要疏松透气，保肥保水。

2. 养分全面且充足

营养土中各种营养成分要全面，含有氮、磷、钾、钙等主要大量元素以及铁、锰、硼、锌等微量元素，育苗过程中幼苗不能出现缺素现象。一般要求有机质含量 15% ～ 20%，全氮含量 0.5% ～ 1%，速效氮含量 60 ～ 100 毫克 / 千克，速效磷含量 100 ～ 150 毫克 / 千克，速效钾含量 100 毫克 / 千克。

3. 酸碱度适宜

呈微酸性或中性，pH 为 6.5 ～ 7.0。

4. 无有害物或有害物含量少

有害物指病原菌、害虫（包括卵、幼虫或若虫、蛹、成虫）、杂草种子，要求这些有害物的含量不足以对幼苗造成损害。

（三）关于菜田土

菜田土，又叫菜园土壤，简称园土。因长期施肥耕作，肥力较高，团粒结构好。但菜田土由于经过多年种植，病菌积累，往往含有大量土传病害的病原菌，比如可能含有各种蔬菜的猝倒病、立枯病病原菌，番茄早疫病病原菌，茄子绵疫病病原菌，瓜类的枯萎病、炭疽病病原菌。因此，配制营养土时一般不使用菜田土，尤其不使用同科蔬菜田的土壤，而是使用栽培禾本科作物的大田土。

如因条件所限，只能使用菜田土，则以种过豆类、葱蒜类蔬菜的土壤为好，这类土壤中镰刀菌、丝核菌较少。而且，要铲除表土，掘取中下层土壤。

最好在 8 月高温时掘取，经充分烤晒后，打碎、过筛，用薄膜覆盖，保持干燥状态备用。

四、实习实训

（一）准备

1. 材料

大田土，有机肥，疏松物（如经过沤制的锯末、经水洗的炉渣、草炭等），化肥（如磷酸二铵、磷酸二氢钾、硫酸钾等），杀菌剂（如甲霜灵、多菌灵等）；塑料薄膜、营养钵。

2. 工具

铁锹、铁筛等。

（二）步骤与内容

1. 准备营养土组分

（1）大田土　大田土用量占营养土总量的 60% ～ 70%。从栽培小麦、玉米等粮食作物的田间取土，要求该地块土壤肥沃、无病虫害，过筛后备用（图 18.1、图 18.2）。

图 18.1　少量大田土的过筛方法

图 18.2　大量大田土的过筛方法

（2）有机肥　因地制宜地选择有机肥种类，以堆肥、厩肥为好。提前使有机肥充分腐熟才能使用，比如，马粪必须在育苗前 5 个月进行沤制，在沤制过程中必须多次进行翻动。按营养土总量的 30% ～ 40% 取有机肥，然后过筛。

（3）化肥　准备化肥，化肥用量为每立方米营养土加氮磷钾（15-15-15）复合肥 2 千克。或每立方米营养土用尿素 0.25 ～ 0.5 千克、过磷酸钙 0.5 ～ 0.7

千克、硫酸钾 0.25 千克。

（4）杀菌剂　按每立方米营养土准备 50% 多菌灵可湿性粉剂或其他杀菌剂 80 ～ 100 克（图 18.3）。

2. 混合

确定了各种组分的用量后，将各成分充分混合，然后倒堆至少两遍，确保混匀（图 18.4）。

图 18.3　营养土中掺入杀菌剂

图 18.4　倒堆混匀

五、问题思考

1. 分析营养土的组成，以及营养土质量对培育壮苗的影响。

2. 查阅资料，了解还有哪些材料可以用于配制营养土。

3. 进行研究性试验，比较育苗营养土和常规菜田土的育苗效果，并分析造成幼苗质量差异的原因。

项目 19　营养钵播种

一、学习目标

通过黄瓜营养钵播种技术的学习与实践，理解营养钵播种这一传统技术的基本流程，掌握关键技术环节，从而举一反三地掌握其他蔬菜营养钵播种技术，同时提高动手能力，培养耐心、细致的工作态度，为将来胜任集约化育苗工作岗位打下基础。学思结合、知行统一、勇于探索，提高解决问题的能力，增强创新精神，培养精益求精的工匠精神。

二、基本要求

（一）知识要求

1. 知识点

了解营养钵播种的基本流程，掌握营养钵播种的关键技术。

2. 名词术语

理解下列名词或专业术语：营养钵、地膜；清选、装钵、摆钵、播种、覆土、覆盖地膜。

（二）技能要求

能够正确进行营养钵清选、装钵、摆钵、浇水、播种、覆土、覆盖地膜等操作。

三、背景知识

营养钵，又称育苗钵、育苗杯、营养杯，是一种育苗容器，其质地多为塑料。营养钵具有保肥、保水、护根作用，幼苗在定植后缓苗快。黑色塑料营养钵具有一定的白天吸热、夜晚保温能力。

营养钵育苗是设施蔬菜栽培的常用育苗形式，播种是培育壮苗的关键环节。

四、实习实训

（一）准备

1. 材料

经过浸种催芽的黄瓜种子、塑料营养钵、营养土、地膜等。

2. 工具

装填用的土铲，浇水用的水壶、水舀、水桶以及必要农具。

（二）步骤与内容

1. 营养钵清选

不论是新营养钵还是曾经用过的营养钵，使用前都要进行一次清选，剔除钵沿开裂或残破者，否则，浇水后水容易从残破的钵沿流出，不易控制浇水量。

2. 装填营养土

向钵内装营养土，注意不要装满，营养土上表面要距离钵沿 2 ～ 3 厘米，以便将来浇水时能存贮一定水分。

3. 营养钵摆放

装钵后，将营养钵整齐地摆放在苗床内，相互挨紧，钵与钵之间基本不留空隙，以减少营养钵下面的苗床土壤失水。

4. 浇水

为保证育苗期间充足的水分供应，减少浇水量，在播种前要浇足底水。播种前 1 天，从营养钵上方逐钵浇水，浇水量要尽量均匀，从而保证出苗整齐和幼苗生长一致（图 19.1）。为提高效率，也可用喷壶喷水，但要尽量做到浇水均匀。水量掌握在有水从营养钵底孔流出为宜。

水渗下后，先不播种，覆盖地膜保湿增温。次日上午再喷 1 次水，确保营养土充分吸水。

5. 播种

右手拿 1 根筷子，在营养钵表面中央插 1 个孔，左手拿 1 粒发芽的种子，将胚根朝下，把胚根插入孔中，种子平放，然后用筷子轻轻拨一下营养土，使孔弥合（图 19.2）。

图 19.1　浇水

图 19.2　播种

6. 覆土

随播种随覆土。用手抓一把潮湿的营养土，放到种子上，形成 2 ～ 3 厘米高的圆锥形土堆（图 19.3）。覆土厚度要尽量一致。如果出苗速度不一致，幼苗高矮不整齐，可能就是覆土厚度不均造成的。

7. 覆盖地膜

覆土后在营养钵上覆盖地膜，薄膜四周用土壤压住。覆盖地膜的目的是保温保湿，促进出苗。当发现有幼苗出土后，立即揭开地膜，防止由于高温灼伤幼苗子叶（图 19.4）。

图 19.3　覆土

图 19.4　覆盖地膜保温保湿

五、问题思考

1. 结合实践经验，并查阅资料，分析瓜类蔬菜种子直立放置、侧立放置、水平放置等播种方式对种子出苗的影响，学习研究方法，探索正确的播种方式。

2. 调查城郊蔬菜种植者除黄瓜外的蔬菜播种经验，如番茄、辣椒、茄子、甜瓜的播种经验。

3. 分析为什么播种后覆土时，建议形成圆锥形小土堆，而不是均匀平铺。

项目20　分苗

一、学习目标

通过对以番茄为例的关于分苗技术的学习和实践，理解分苗的作用，掌握分苗技术，为培育番茄壮苗打好基础，也为将来从事蔬菜生产工作打下技术基础。培养分析问题的能力，培养探究事物本源的科学精神，培养理论联系实际的应用能力，培养辩证思维。树立正确的劳动观，端正劳动态度，热爱劳动和劳动人民，掌握劳动技能，养成劳动习惯，培养精益求精的工匠精神。

二、基本要求

（一）知识要求

1. 知识点

理解分苗的概念、意义和适用范围，掌握播种、起苗、移栽、浇水、覆土、苗期管理技术。

2. 名词术语

理解下列名词或专业术语：分苗、播种床、分苗床、定植标准、床土、太阳能消毒、化学药剂消毒；子叶期、起苗、移栽、缓苗。

（二）技能要求

能够用撒播、条播的方式在播种床播种；能够识别子叶期幼苗；能够进行分苗床开沟、浇水、移栽、覆土等操作。

三、背景知识

（一）分苗法育苗的基本流程

先在较小面积的播种床上以较高密度播种，待幼苗长到一定大小后移植到分苗床上，以扩大营养面积，根据蔬菜特性、分苗密度、床土养分状况，可以进行一次或多次分苗，待幼苗达到定植标准时，再定植到栽培田。

分苗法育苗技术在日光温室秋冬茬、越冬茬茄果类蔬菜栽培中被普遍应用。

（二）分苗的作用

在低温季节采用分苗技术，可以节省能源，缩短幼苗占用土地时间，减小幼苗占地面积，易于管理；另外，某些蔬菜可以通过分苗来刺激发根。但分苗缺点是增加了育苗工序。

（三）床土消毒

播种床和分苗床的育苗用土，习惯上称作床土，因为分苗可以扩大营养面积，所以对床土养分的要求要低于育苗用营养土，但仍有必要进行消毒。

1. 太阳能消毒

太阳能消毒是利用太阳光转换成热能形成的高温来杀菌，属于一种物理消毒方法。在夏季育苗前，苗床整地后，其上铺塑料薄膜，密闭 2 ～ 3 天，利用阳光高温使苗床土壤温度达到 50℃以上，以杀死土壤中的大部分害虫和病菌。

2. 化学药剂消毒

利用化学药剂直接杀菌，例如，可以在播种前 12 ～ 15 天，将床土耙平耙松，每立方米营养土准备 50％多菌灵可湿性粉剂 15 ～ 20 克。处理时，把多菌灵配成水溶液喷洒在床土上，之后覆盖塑料薄膜 2 ～ 3 天。

四、实习实训

（一）准备

1. 材料

经过浸种、催芽的番茄种子，有机肥，平底育苗盘，营养钵。

2. 工具

筛子、钉耙、开沟器和铁锹等农具。

（二）内容与步骤

1. 播种

（1）撒播　平整播种床，浇足底水，待水完全下渗后，填平床面个别凹处，用细筛筛上1层细土。之后均匀撒播番茄种子，利用筛子覆盖潮湿细土（图 20.1）。

（2）条播　平整播种床，按一定的行距和深度开沟，然后沿沟浇足水，待水下渗后按沟条播番茄种子，然后覆土（图 20.2）。

图 20.1　撒播后覆土

图 20.2　条播前浇水

此外，为便于管理，也可利用平底育苗盘培育幼苗。在平底育苗盘内铺营养土，然后向苗盘营养土浇水，水渗下后密集撒播番茄种子，再覆盖潮湿细土。

2. 播种后管理

无论是在播种床播种，还是平底育苗盘上播种，播种后管理的重点是调控温度、光照、湿度环境。在高温期播种后，要在表面覆盖稻草或遮阳网，遮光、保湿、降温，出苗后去除覆盖物，但仍要避免烈日暴晒。在低温期播种后，要覆盖地膜保温、保湿，出苗后逐渐揭开地膜通风降温（图 20.3、图 20.4）。床土干燥时及时喷水。

3. 制作分苗床

根据苗量确定分苗床面积，整平地面，浅翻耕，施入适量腐熟有机肥，将肥土混匀，耙平（图 20.5）。

4. 确定分苗标准

以子叶期进行分苗为宜。当幼苗子叶展平，至长出两片真叶且真叶大小与子叶大小基本相当时，即可分苗（图 20.6）。这种大小的幼苗常被称作子叶期幼苗、子叶苗、小苗。子叶苗分苗更易生根，分苗过晚，营养供应不足，幼苗容易变黄。

图 20.3 苗盘上覆盖地膜

图 20.4 出苗后通风

图 20.5 撒肥

图 20.6 达到分苗标准的子叶期幼苗

5. 起苗

分苗时先向苗盘浇水，然后将幼苗直接连根拔起（图 20.7），注意尽量多带根。

图 20.7 起苗

图 20.8 开沟浇水

6. 移栽

按 20 ～ 30 厘米间距开沟，浇足水（图 20.8）。将番茄小苗移栽到沟的两侧（图 20.9），用手指轻轻按压根部，让小苗的根系紧贴土壤或将其摁入泥中。然后在沟内撒潮湿细土，将幼苗根系覆盖住（图 20.10）。

图 20.9　栽苗

图 20.10　覆土

也可移栽到营养钵中。向已经摆放好的营养钵中浇水，水要浇透，最好连浇 2 次，而后再用手指或小木棍在营养土上插出小坑（图 20.11）。把子叶苗摁入小坑中，用手轻捏营养土，使营养土与幼苗基部弥合（图 20.12）。最后再喷 1 遍水，让幼苗根系与土壤紧密结合。

图 20.11　插出小坑

图 20.12　栽苗

7. 分苗后管理

以低温季节分苗后管理为例。

分苗后至缓苗前，管理原则是促进发生新根，以保温增湿为主，提高地温，促进缓苗；保持较高土壤湿度。缓苗后，以促进根系生长并预防茎叶徒长为主，土壤见干见湿，保证充足光照，温度不可过高。当幼苗达到适宜定植的大小时，将幼苗带土坨挖出，放入容器中，运至栽培田定植（图 20.13、图 20.14）。

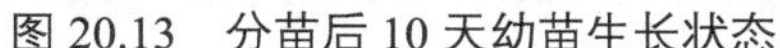
图 20.13　分苗后 10 天幼苗生长状态

图 20.14　达到定植标准的幼苗

五、问题思考

1. 分析为什么番茄可以采用分苗方式育苗，而黄瓜不宜采用分苗方式育苗。

2. 分析为什么番茄分苗后的幼苗长势会强于同样进行分苗的瓜类蔬菜幼苗。

项目 21　黄瓜嫁接育苗

一、学习目标

通过学习与实践，理解嫁接原理，熟练掌握黄瓜的不同嫁接操作方法及嫁接苗的管理技术，为将来从事集约化、工厂化蔬菜育苗工作打下基础。培养分析问题、理论联系实际的应用能力，以及创新精神。树立正确的劳动观，端正劳动态度，热爱劳动和劳动人民，掌握劳动技能，养成劳动习惯。培养精益求精的工匠精神，培养“大国三农”情怀，增强服务农业农村现代化、服务乡村全面振兴的使命感和责任感。

二、基本要求

（一）知识要求

1. 知识点

理解嫁接的概念、作用和原理。掌握黄瓜靠接法、插接法的嫁接操作技术。

2. 名词术语

理解下列名词或专业术语：嫁接、嫁接育苗、靠接、插接、断根；嫁接苗、接穗、砧木；土传病害、根结线虫病、抗逆性；自根蔬菜、嫁接蔬菜；维管束、形成层、导管、筛管、愈伤组织；嫁接亲和性、嫁接成活率；穴盘、平地育苗盘、营养钵、育苗容器、嫁接夹；营养土、基质；子叶、真叶、下胚轴、生长点、胚根；戴帽出土、沤籽。

（二）技能要求

能够熟练地进行黄瓜幼苗靠接、插接操作，能管理嫁接苗。

三、背景知识

（一）嫁接及蔬菜嫁接育苗的概念

嫁接，就是把植物体的一部分，接到另一种植物体上，使其能结合在一起生长的方法。

蔬菜嫁接育苗就是把所要栽培的蔬菜幼苗去根后的一部分作为接穗，嫁接到砧木幼苗的茎上，由预栽培蔬菜与砧木共同组成一株生产用苗的技术。由砧木和接穗组合成的生产用苗叫嫁接苗。

例如，生产上要栽培黄瓜，为预防黄瓜土传维管束病害——枯萎病，进行嫁接育苗，取黄瓜子叶期幼苗的顶部作为接穗，接到去除了生长点的南瓜苗上，嫁接所用的黄瓜苗叫作接穗苗，所取黄瓜苗的去根部分叫作接穗，而南瓜苗叫作砧木苗，去掉生长点的南瓜苗叫作砧木，嫁接后形成的新苗就是嫁接苗。嫁接苗生长而成的植株，根是南瓜的，地上部分则是黄瓜的。因此，有人也称嫁接育苗为“换根育苗”。

（二）蔬菜嫁接育苗的作用

嫁接最主要的作用是预防土传病害。黄瓜、西瓜、甜瓜等瓜类蔬菜的枯萎病、蔓枯病，茄子的黄萎病，番茄的青枯病与枯萎病等是当前最为严重的顽固性土壤传播病害，简称土传病害。其病菌在土壤中长期生存，在条件适宜时，存活期一般达到 4 ～ 5 年，个别蔬菜的病菌，如西瓜枯萎病菌，甚至能够存活 10 年左右。而且，由于设施多年连作，病菌积累，致使土传病害会越来越严重。

防治土传病害比较困难。这是因为，蔬菜生产具有连续性，很难通过传统的轮作方法预防；用普通药剂也很难彻底杀菌；“换土”的方法费时费力。

嫁接育苗的方法相对来讲最为可行。这是因为，很多土传病害病原菌对所侵染蔬菜具有较强的专一性，而适宜的砧木对病原菌高抗甚至免疫，能够对栽培蔬菜起到保护作用。但需要注意的是，嫁接防病利用的是“空间隔离”原理，一旦接穗茎蔓接触土壤产生了不定根并扎入土壤，仍有可能重新染病。

此外，嫁接还有其他作用。比如，嫁接能减轻根结线虫病为害；能增强栽培蔬菜抗逆性，与自根蔬菜相比，嫁接蔬菜对低温、高温、干旱、强光、弱光、盐碱土、酸土等的适应能力更强；砧木根系更发达，吸水吸肥能力强，能够为接穗提供充足的营养、水分，使之生长健壮，提高产量。

（三）嫁接成活的原理和过程

嫁接苗的成活是靠茎的形成层发挥作用，形成层存在于维管束中。形成层细胞能进行连续的分裂，向内形成木质部，向外形成韧皮部。筛管、形成层、导管构成维管束，维管束是养分、水分输送的重要器官。

植物体一旦受到创伤，形成层能立即进行旺盛的细胞分裂，产生新组织，并具有治愈创伤的能力。嫁接就是利用这一特性，把接穗和砧木在茎部（幼苗的胚轴）切断，让双方的形成层结合在一起，使受伤部位的细胞因受到刺激而旺盛分裂，形成新的组织，使创伤愈合，幼苗成活，恢复生长。

嫁接后，砧木和接穗被切断的维管束能很快地结合在一起，且结合面大，砧木、接穗之间的养分、水分能顺畅地通过，且都能生长良好，说明砧木和接穗的嫁接亲和性好。反之，如果维管束结合得少，植株细弱，则说明嫁接亲和性差。

四、实习实训

（一）准备

1. 材料

作为接穗的黄瓜种子，作为砧木的南瓜种子。或适宜大小的黄瓜、南瓜幼苗。

2. 工具

刀片，切削竹签自制插接工具，或用铁丝自制插接工具，嫁接夹。嫁接前对所有工具消毒。

3. 场地

在日光温室或塑料大棚内进行实习实训，设施外要覆盖遮阳网、草苫等物遮光。苗床上覆盖塑料薄膜保湿，温度应能满足幼苗需要。低温季节苗床上可架设塑料小拱棚保温，若地温低，还应铺设地热线以提高地温。秋延后茬进行嫁接，由于苗期处于炎热夏季，要求设施具有遮阴、防雨、降温功能。

（二）步骤与内容

1. 插接法嫁接

（1）插接法用苗培育

①砧木南瓜幼苗培育　以穴盘或营养钵为育苗容器，装填营养土或基质。

幼苗第一片真叶长至 1.5 ～ 2 厘米长时为嫁接适宜时期。

②接穗黄瓜幼苗培育　以平底育苗盘为育苗容器，装填营养土或基质。播种时间比砧木晚 3 ～ 5 天。黄瓜幼苗子叶由黄变绿至逐渐展平时为嫁接适宜时期。

嫁接前 2 天对接穗、砧木幼苗喷药杀菌。

（2）插接法嫁接操作

①去除砧木生长点　用竹签从侧面铲除南瓜幼苗的生长点及真叶（图 21.1）。也可以用刀片将其切除。

②砧木插孔　用与接穗下胚轴粗度基本相同的竹签，从砧木右侧子叶的主脉基部开始，向另一侧子叶下方斜插 0.5 厘米左右，竹签不穿破砧木下胚轴表皮，插孔后暂勿拔出竹签（图 21.2）。

图 21.1　去除砧木生长点

图 21.2　在砧木上插孔

③切削接穗　切取黄瓜幼苗地上部分，在子叶节下 0.5 厘米处向下斜切 1 刀，切口长 0.5 厘米左右。翻转过来，在另一方再用同样的方法切 1 刀，刀口要平滑，接穗下胚轴呈楔形（图 21.3）。

④插入接穗　拔出砧木上的竹签，插入接穗，使接穗子叶与砧木子叶垂直呈“十”字形，插入的深度以接穗切口与砧木插孔口相平为宜（图 21.4）。

⑤摆放　将嫁接苗摆放到苗床上，遮光、保湿。

在长期实践中，不同地区形成了不同的插接操作方式。比如，有的地区仅切削砧木的一面，有的地区让砧木、接穗子叶平行，有的地区习惯将砧木胚轴扎透，有的地区使用各种金属丝自制的工具，有的地区习惯用刚刚出土的黄瓜苗作接穗，有的地区故意让砧木苗徒长以获得更长的胚轴，等等。操作过程中，可以大胆尝试。

图 21.3　削好的接穗

图 21.4　将接穗插入砧木

（3）嫁接苗管理　嫁接成活率与接后管理关系密切。

①温度　嫁接后适宜的温度有利于愈伤组织形成和接口快速愈合。温度控制在白天 25 ～ 28℃，夜间 18 ～ 22℃。低温期，在嫁接后 10 天内要特别注意增温保温。

②湿度　嫁接后要保持较高的空气湿度。一般嫁接后 7 天内空气相对湿度应保持在 95%以上。

这是因为，嫁接苗维管束连通前，接穗水分来源被切断，仅靠与砧木切面间水分渗透，获得的水分极少，若空气湿度低，接穗容易因蒸腾强烈而萎蔫。

提高湿度的措施是，嫁接后移入小拱棚保湿。向棚内喷雾，然后盖严棚膜密闭，使棚内空气湿度接近饱和状态，密闭 3 ～ 4 天。以后逐日通风，并逐渐延长通风时间，但仍应保持较高的空气湿度，每日中午喷雾 1 ～ 2 次，直至完全成活，按常规育苗方法进行湿度管理。

③光照　嫁接后适当遮光，避免阳光直晒幼苗。方法是在小拱棚或温室外覆盖遮阳网等物。嫁接后 3 天内全天遮光，以后逐渐缩短遮光时间，8 ～ 10 天后恢复正常光照管理。

这是因为阳光直射会提高叶面温度，促进水分蒸腾，容易引起嫁接苗萎蔫，降低成活率。

④去除萌蘖　嫁接苗成活后，检查嫁接苗砧木的生长点，如果发现有再生萌蘖或真叶，要尽快去除。

2. 靠接法嫁接

以京津冀地区日光温室越冬茬黄瓜免移栽靠接法为例。越冬茬于 9 月下旬播种，10 月初嫁接，10 月底定植，采收截止日期为翌年 6 月中下旬。

（1）靠接法用苗培育

①接穗黄瓜幼苗培育　黄瓜生长速度比南瓜慢，为使砧木苗与接穗苗大小相匹配，黄瓜要比砧木早播种 4 ～ 5 天。用营养钵作为育苗容器，装填营养土，浇透水，将黄瓜种子播在营养钵一侧，不要放置在正中央（图 21.5）。播种后覆土，形成圆锥形小土堆（图 21.6）。

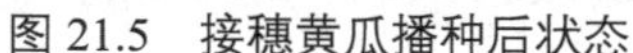

图 21.5　接穗黄瓜播种后状态

图 21.6　覆土后状态

在幼苗出土前可将育苗设施内的白天温度控制在 30℃左右，中午短期最高温度不超过 35℃即可，营养土始终维持在 15℃以上，较高温度可加快出苗。9 月底外界气温尚高，一般最多 3 天即可出齐。空气湿度不能太低，否则容易出现“戴帽出土”的现象。

幼苗出土后，下胚轴对温度敏感，高温高湿条件下容易形成徒长苗。因此幼苗出齐后应适当通风，降低温度和湿度，一般白天温度控制在 25 ～ 30℃，夜温控制在 15℃以下，最好为 12 ～ 13℃。

当黄瓜第一片真叶半展开，约硬币大小，幼苗形态与砧木匹配，即可嫁接。

②砧木南瓜幼苗培育　黄瓜播种 4 ～ 5 天后，子叶展平，再播种南瓜。有些南瓜发芽率较低且发芽整齐度差，为此，可提前将种子晾晒 1 ～ 2 天或在 60℃下（如置于烘箱中）干热处理 6 小时以促进发芽。浸种催芽，70% 的种子长出 0.5 ～ 1 厘米长的胚根时播种（图 21.7）。

先向营养钵中浇透水，用筷子在营养钵中央位置插孔，将南瓜种子胚根插入孔中，种子平放，然后用筷子将泥土弥合（图 21.8）。之后，对砧木种子覆土，形成圆锥形小土堆（图 21.9）。大约在播种后 7 ～ 10 天，砧木南瓜幼苗的子叶完全展开，能看见真叶时为嫁接适宜时期（图 21.10）。

图 21.7　催芽后的砧木南瓜种子

图 21.8　砧木播种

图 21.9　砧木播种并覆土后状态

图 21.10　达到嫁接标准的两种幼苗状态

（2）靠接法嫁接操作

①去除砧木生长点　将营养钵摆放到操作台上，先用刀片切去砧木南瓜的生长点，个别幼苗如果长有较大真叶也一并去掉（图 21.11）。

②切砧木苗　用刀片在子叶节下方 1 厘米处与子叶着生方向垂直的一面，刀片与两片子叶连线平行，与胚轴呈 35° ～ 40°，向下斜切 1 刀，深度为胚轴粗度的 2/5 ～ 3/5，切口长约 1 厘米（图 21.12）。下刀及嫁接速度要快，刀口要干净。

③切接穗苗　在黄瓜幼苗子叶节下 1.2 ～ 1.5 厘米处，子叶一侧的胚轴上，向上斜切 1 刀，角度为 30° ～ 40° 左右，深度为胚轴粗度的 2/5 ～ 3/5，切口长约 1 厘米（图 21.13）。

黄瓜幼苗的下胚轴对光照和温度比南瓜敏感，在高温和充足的光照环境下，下胚轴往往比南瓜的下胚轴要长些，嫁接的位置要以上部适宜为准，嫁接后可以“上齐下不齐”，这样可能导致嫁接苗中黄瓜的下胚轴呈弯曲状，这是正常的。

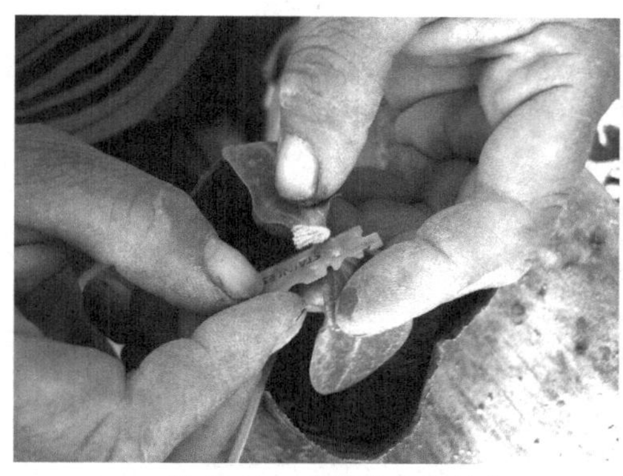
图 21.11　去除砧木生长点

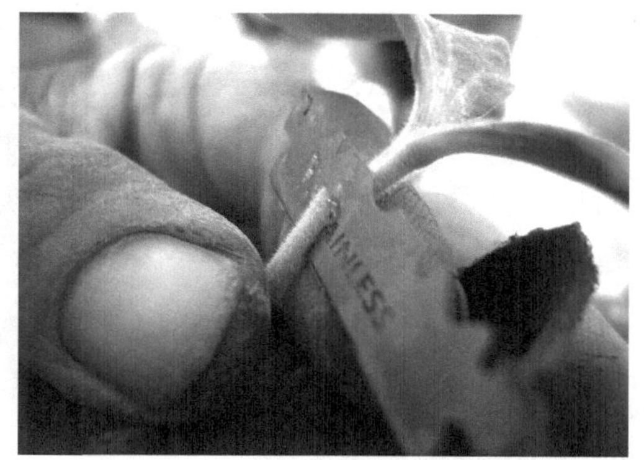
图 21.12　切砧木幼苗胚轴

④嵌合　把砧木幼苗和接穗幼苗的切口准确、迅速地嵌合，接口处不能接触水（图 21.14）。用嫁接夹从黄瓜一侧固定，此时南瓜与黄瓜的子叶呈“十”字形（图 21.15）。

⑤摆放　将嫁接苗摆放到苗床上，并浇水，以提高空气湿度（图 21.16）。

图 21.13　切接穗幼苗胚轴

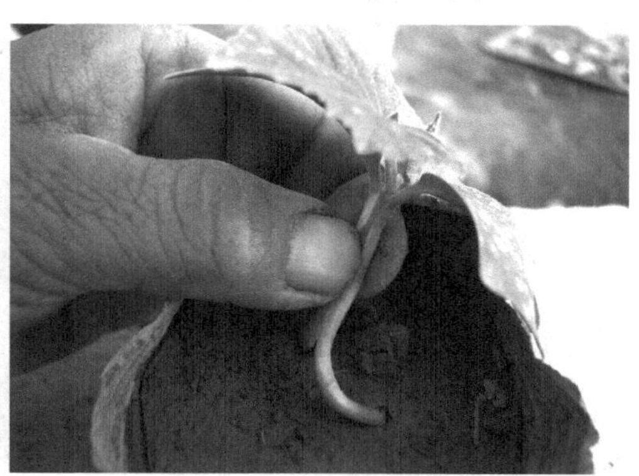
图 21.14　砧木和接穗胚轴切口嵌合

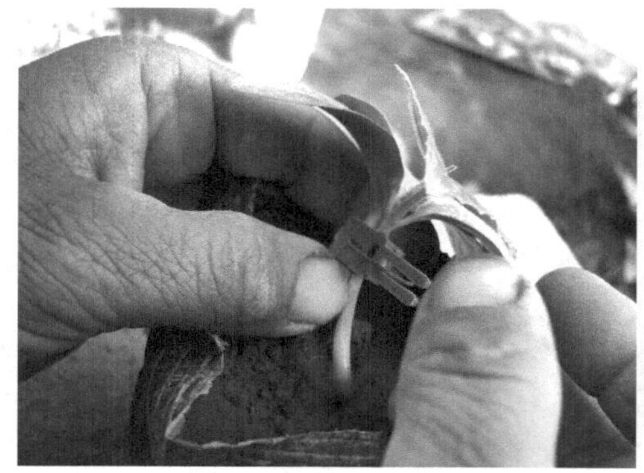
图 21.15　用嫁接夹固定

图 21.16　摆苗后苗床浇水增湿

（3）嫁接后管理　管理方法参照插接法嫁接苗管理，接后初期重点是要创造弱光、高温、高湿环境，密闭保湿时间可比插接法短些（图 21.17）。

接后 10 ～ 15 天嫁接苗成活后，需对接穗进行断根处理，在黄瓜幼苗下胚轴的嫁接夹以下、营养土以上部位，分别切 1 刀，移走一段胚轴（图 21.18）。断根后，适度遮光，注意保温，促进伤口愈合，2 ～ 3 天后恢复正常管理。定植后及时去掉嫁接夹。

图 21.17　嫁接后温室外覆盖遮阳网降低光强

图 21.18　接穗断根后状态

五、问题思考

1. 为什么建议初学者采用靠接法进行黄瓜嫁接，待掌握一定技巧后，再练习插接法、贴接法等其他嫁接方法？

2. 调查当地黄瓜、甜瓜产区种植者习惯采用的嫁接方法，并分析原因。

3. 根据个人嫁接操作体会和嫁接苗成活情况，总结不同嫁接方法的优缺点。

项目 22　番茄嫁接育苗

一、学习目标

通过学习和实践，熟练掌握番茄的不同嫁接方法及嫁接苗的管理技术，进而理解茄果类蔬菜嫁接技术，为将来从事集约化、工厂化育苗单位的技术工作及管理工作打下基础。培养分析问题能力和创新精神，树立正确的劳动观，端正劳动态度，培养精益求精的工匠精神，增强服务农业农村现代化、服务乡村全面振兴的使命感和责任感。

二、基本要求

（一）知识要求

1. 知识点

理解番茄嫁接育苗的作用，了解番茄嫁接苗管理的主要内容。

2. 名词术语

理解下列名词或专业术语：青枯病、抗寒性；砧木、接穗；靠接法、劈接法。

（二）技能要求

能用劈接法、靠接法进行番茄幼苗嫁接操作。

三、背景知识

（一）番茄嫁接育苗的作用

通过嫁接，可以预防番茄青枯病、枯萎病、溃疡病等病害，并增强根的吸收能力，提高耐寒性，提早定植，提高产量。

（二）通过嫁接预防番茄青枯病

番茄青枯病为病原细菌侵染而引起的土传维管束病害。

番茄青枯病的病原学名为 *Ralstonia Solanacearum*（Smith，1896），称作青枯雷尔氏菌，属于细菌域、普罗特斯细菌门、γ 普罗特斯细菌纲、假单胞杆菌目、假单胞杆菌科、假单胞杆菌属。

病菌主要随病残体留在田间越冬，在病残体上能营腐生生活，能在土壤中生活 6 年，即使没有适当寄主，也能在土壤中存活 14 个月乃至更长的时间。土壤中的病菌是该病主要初侵染源。

该菌主要通过雨水和灌溉水传播，依靠水将病菌带到无病的田块或健康植株上。病果、带菌肥料、农具、家畜粪便等也能作为传病载体。在自然条件下病菌能从没有受伤的根冠部位侵入，或从根、茎基部伤口侵入，沿导管向上蔓延，在维管束内繁殖。病菌在导管中生长时可产生大量的胞外多糖，影响和阻碍水分运输；病菌还可分泌多种细胞壁降解酶，破坏导管组织。从而使茎叶因缺水而萎蔫。

1864 年印度尼西亚首先报道青枯病病原菌以来，一直没有十分有效的防治药剂和防治方法。而嫁接是目前预防此病的相对有效的措施。以抗青枯病番茄为砧木，以高品质的番茄品种为接穗，进行嫁接栽培，防病效果较好，而且嫁接后番茄优势明显。但是目前高抗青枯病的砧木品种较少。

四、实习实训

（一）准备

1. 材料

（1）番茄苗　有 4 ～ 5 片展开真叶的番茄幼苗。

（2）砧木苗　有 4 ～ 5 片展开真叶的砧木苗。砧木苗生长较慢、茎细，所以要提前 5 ～ 7 天播种，且砧木发芽多数不整齐。

2. 工具

刀片、竹签、嫁接夹。

（二）步骤与内容

1. 劈接法嫁接

（1）劈接法嫁接操作　用刀片从砧木的第 3 片和第 4 片真叶中间，把茎横向切断（图 22.1、图 22.2）。然后从砧木茎横断面的中央，纵向向下劈成长约 1.5 厘米的接口（图 22.3）。

再把刚从苗床中挖出的接穗苗，在第 2 片真叶和第 3 片真叶中间稍靠近第 2 片真叶处下刀，将基部两面削成约 1.5 厘米长的楔形接口（图 22.4）。

图 22.1　达到嫁接标准的砧木苗

图 22.2　砧木下面留两片真叶将茎切断

图 22.3　劈开砧木的茎

图 22.4　接穗的楔形接口

最后把接穗的楔形切口对准形成层插进砧木的纵切口中（图 22.5）。用嫁接夹固定（图 22.6）。过 7 ～ 10 天待嫁接成活后把嫁接夹除掉。

（2）嫁接苗管理

①温度调控　接口愈合的适宜温度为白天 25℃，夜间 20℃。低温期嫁接要注意保温，严冬季节嫁接，最好将移栽有嫁接苗的营养钵放置于电热温床上。

图 22.5　将接穗插入砧木

图 22.6　用嫁接夹固定

②湿度调控　嫁接后的 5 ～ 7 天内为接口愈合期，空气湿度要保持在 95% 以上。增湿的方法是，摆放嫁接苗前，在苗床上浇水，嫁接后覆盖小拱棚密闭保湿，嫁接后 4 ～ 5 天内不通风，第 5 天以后选择温暖且潮湿的傍晚或早晨通风，每天通风 1 ～ 2 次，7 天之后逐渐揭开小拱棚薄膜，增加通风量，延长通风时间。

③光照调控　嫁接后要遮光，可在小拱棚外覆盖草帘或遮阳网，嫁接后的前 3 天要全部遮光，以后半遮光，两侧见光，随嫁接苗生长，逐渐撤掉覆盖物，成活后转入正常管理。

2. 靠接法嫁接

（1）靠接法嫁接操作　嫁接场所空气湿度要比较高，以利于接口愈合。把砧木苗、接穗苗带根挖出。

①切削接穗　先把接穗苗放在不持刀的一只手的手掌上，苗稍朝向指尖，斜着捏住，在子叶与第 1 片真叶（或第 1 片真叶与第 2 片真叶）之间，用刀片按 35° ～ 45° 向上把茎削成斜切口，深度为茎粗的 1/2 ～ 2/3，注意下刀部位在第 1 片真叶的侧面。番茄发根能力强，接穗苗茎的割断部位容易生根，长大入地，使嫁接失去作用，因此，砧木苗和接穗苗的茎都应长些，以便在较高的位置嫁接（图 22.7、图 22.8）。

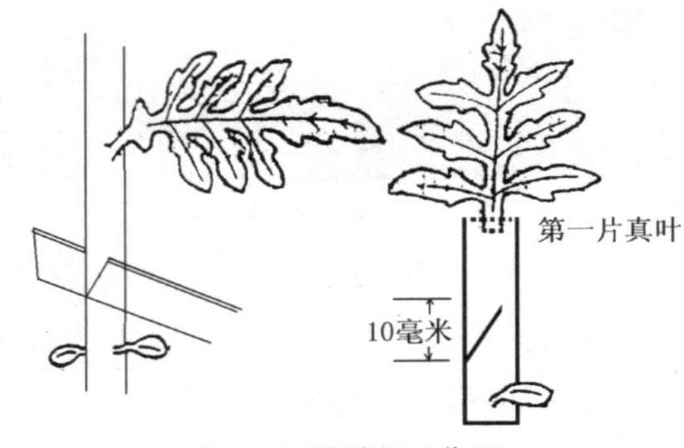

图 22.7　接穗切口位置

②切削砧木　把砧木上稍去掉，留下 3 片真叶，在嫁接成活以前要保留这 3 片真叶（图 22.9）。

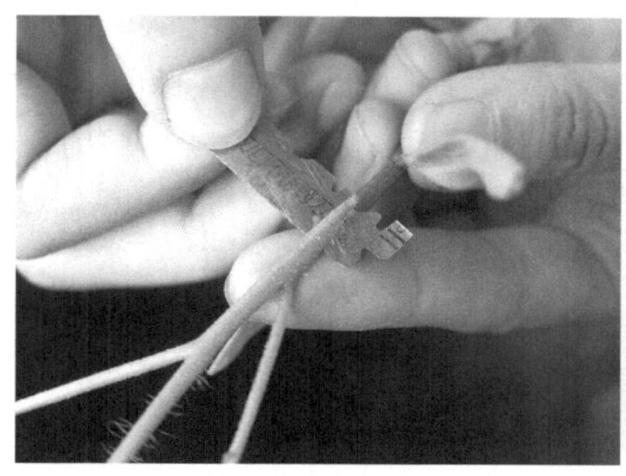
图 22.8 切削接穗

图 22.9 去掉砧木上稍

把砧木上部朝向操作者，放在手掌上，用刀在第 1 片真叶（或第 2 片真叶的下部）的侧面，按 35°～45° 角，斜着向下切到茎粗的 1/2 或更深处，呈舌楔形（图 22.10、图 22.11）。该切口高度应与接穗切口高度一致。

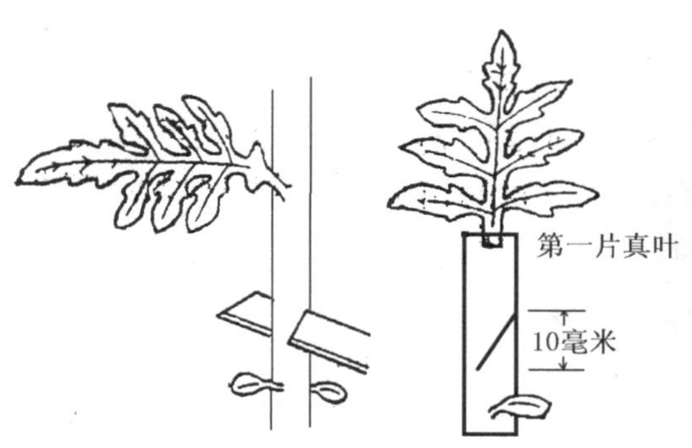

图 22.10 砧木接口位置

图 22.11 切削砧木接口

③嵌合 将接穗切口插入砧木切口内，使两个接口嵌合在一起（图 22.12）。然后，用嫁接夹固定（图 22.13）。

图 22.12 砧木与接穗的切口嵌合

图 22.13 用嫁接夹固定

（2）靠接法嫁接后管理

①移栽　嫁接完成立即移栽。用营养钵移栽时，砧木要栽在钵的中央，接穗靠钵体一侧。移栽后及时浇水，使土壤下沉，让根与土密切接触。

②环境调控　浇水后密闭苗床，形成高湿环境。高温季节嫁接，移栽后的 2 ～ 3 天内，苗床上面要遮光，避免强光和高温导致嫁接苗萎蔫。

低温季节育苗，在移栽后要用小拱棚密闭苗床保温，也需要遮光，4 ～ 5 天内，白天温度 25° ～ 30℃，夜间 20℃左右。以后，依据苗的萎蔫程度，逐渐不再遮光。

③摘除砧木萌芽　接口愈合后要摘除砧木萌芽，由于嫁接时切去了砧木生长点，因而会促进砧木下部的侧芽萌发，特别是接口愈合时在高温、高湿、弱光的环境下，侧芽更易萌发。

④支架　砧木和接穗的接口都小，嫁接部位容易脱离，为预防倒伏引发脱离，可以在苗旁插短支柱并进行绑缚。

⑤去除嫁接夹　当伤口愈合牢固后去掉嫁接夹。去夹时机要适宜，去夹时间过早不利于接口的愈合，去夹过晚则影响嫁接苗幼茎的生长增粗。幼苗较小时定植，可以在定植后再除掉嫁接夹。

⑥断根　嫁接后 10 天左右，接穗开始生长，选晴天的下午，在嫁接部位下边的接穗一侧切茎断根，先试切几株，如萎蔫不严重，第二天便可断根。

五、问题思考

1. 茄果类蔬菜嫁接育苗和瓜类蔬菜嫁接育苗有何不同之处？
2. 可以从哪些方面采取措施，提高番茄嫁接苗成活率？

田间管理

TIAN JIAN GUAN LI

项目 23　整地作畦

一、学习目标

通过学习与实践，理解畦型与蔬菜栽培的关系，通过人工作业的方式，制作最基础的地膜覆盖、暗沟浇水的双高垄，掌握整地、作畦、覆膜等操作技能，学会使用农具，为蔬菜定植和水肥管理打下基础。同时，获得直观的感性认识，通过亲自操作感受田间作业的辛苦和乐趣，有意识地提高身体素质，增强适应性，培养劳动意识，提高动手能力，避免眼高手低，为将来从事设施蔬菜栽培相关工作打下基础。

二、基本要求

（一）知识要求

1. 知识点

理解整地、施肥、作畦的目的和意义，了解不同畦型的特点及适用范围，掌握整地、施肥、作畦的操作流程和基本技术要求。

2. 名词术语

理解下列名词或专业术语：整地、平整、翻耕、耙耱；畦型、平畦、高畦、垄、双高垄；畦埂、畦沟、畦面、垄面、浇水沟、暗沟；作畦、起土培垄、覆盖地膜、浇水造墒；畦宽、畦高、畦长、垄宽、垄高、垄长、大行距、小行距；耕层、土壤结构、根际环境、地下水位、土壤含水量、土壤通气性、地温；基肥、底肥、有机肥、化肥、速效养分；根结线虫、土传病害、药土。

（二）技能要求

能够比较熟练地使用镢头、铁锹、钉耙等传统农具，能进行平整、施肥、翻耕、起垄、覆盖地膜等农事操作，能做出与预定规格相符的双高垄。

三、背景知识

（一）整地

1. 平整

平整操作是指借用工具或机械，对高低不平的栽培田进行修整，使地表高度趋于一致呈水平状态，或按设计要求让栽培田地面向某一方向略倾斜。平整土地是使所栽培蔬菜生长整齐一致的先决条件。

2. 翻耕

翻耕也称耕翻，指用机械、畜力、人力等方式，翻动耕层土壤的一种田间作业形式。

由于表层土壤在机械、物理、化学等因素作用下，土壤结构容易被破坏，导致土壤板结，通气不良，因此，在每茬蔬菜定植前或收获后要进行翻耕。通过翻耕可以改善土壤结构，提高土壤通气性，为蔬菜创造适宜的根际环境，为实现高产优质的栽培目标奠定基础。

翻耕深度因作业季节、土壤质地、蔬菜种类不同而异。一般秋耕深度为 23 ～ 25 厘米，春耕深度为 18 ～ 20 厘米。

3. 耙耱

耙耱是指在翻耕后，用机械、畜力、人力的方式，将土壤整细整平。

（二）施肥

在播种、移栽或定植前，结合整地，向土壤中施入的有机肥和化肥，称作基肥，也叫底肥。施入基肥，是为了让蔬菜在整个生长期尤其是生长前期有足够的养分供应，同时还有改良土壤、培肥地力的作用。

（三）作畦

作畦能有效控制灌溉，利于排水，利于密植，便于田间农事操作和进一步改善土壤温度、湿度环境。畦型视当地气候条件（降雨量）、土壤条件、地下水位高低及蔬菜种类而定，常见的有平畦、高畦、垄、低畦、沟畦等，京津冀地区常用的畦型为平畦、高畦和垄。

1. 平畦

平畦的畦面与地面基本相平，畦埂高于畦面，以便蓄水和灌溉。

平畦的土地利用率较高，适用于排水良好、雨量均匀的地区，大多在露地栽培蔬菜时采用。

平畦一般规格为：畦宽 1 ～ 1.6 米，畦长 10 ～ 15 米，畦面平整（图 23.1）。

作畦方法是：按平畦的规格拉线做标记；分别从畦埂位置的两侧起土培畦埂，约培 2 次土，用脚踩 2 遍；铁锹把畦埂切直拍光滑；最后用钉耙搂平畦面。

2. 高畦

高畦的畦面凸起高于地面，畦埂变为畦沟，这样便于雨季排水，能降低土壤含水量，利于提高地温，减轻病虫害。

高畦适用于雨水充沛、地下水位高或排水不良地区。露地栽培蔬菜时选用高畦方式，有利于雨季排水。北方早春露地栽培蔬菜，为了提高地温，也常采用高畦形式，并覆盖地膜。

高畦规格一般为：畦宽（基部）60 ～ 75 厘米，畦高（中部）10 ～ 15 厘米，畦面水平或呈中央略高的龟背形，也有些高畦畦面中部略低，畦长 10 ～ 15 米（图 23.2）。如果需要浇水造墒时，可先在预做高畦中央位置开沟浇水后再培土作畦。

图 23.1　平畦

图 23.2　高畦

3. 垄

垄也称高垄，垄实质上就是窄高畦，底宽上窄。垄能增厚耕层，地温上升快，便于排水和灌溉，有利于根系发育。垄为我国北方常用畦型，早春地膜覆盖栽培矮生菜豆、马铃薯，秋季栽培大白菜、萝卜等多采用垄作方式。

垄的一般规格为：垄宽（基部）0.4 ～ 0.5 米，垄长 10 ～ 15 米，垄高（中部）15 ～ 20 厘米，垄距 50 ～ 60 厘米。

作垄方法是：先按垄宽（基部）和垄距放线并做标记，从垄两侧均匀起土培垄。培垄用土要细碎，垄表面要光滑平整，以便于覆盖地膜。

实际生产中，为了合理密植、便于覆盖地膜、便于灌溉，人们在垄的基础上进行改进，形成了双高垄，广泛用于露地和设施内果菜类蔬菜栽培。

四、实习实训

（一）准备

1. 工具与材料

（1）工具　铁锹、镢头、钉耙、线绳、卷尺（10 米以上）。

（2）地膜　以常用的聚乙烯透明广谱地膜为宜，幅宽为 90 ～ 110 厘米。

2. 注意事项

树立安全意识，注重自我保护，提高劳动素养。建议穿工作服，戴手套、口罩等。实践过程中，不可嬉戏打闹，不可随意踩踏畦面，不能随意堆放工具，不可乱丢垃圾。

（二）步骤与内容

1. 双高垄规格确定

双高垄是露地和设施内栽培果菜类蔬菜常用的一种畦型，每个栽培单元包括两条垄，两垄之间是浇水沟（水沟），两垄之上共同覆盖一块地膜，膜下浇水沟为暗沟，从而能减少地表水分蒸发，降低空气湿度。

双高垄的基本规格是：大行距 80 厘米，小行距 50 厘米，垄高 20 厘米，垄宽（上部）30 厘米，浇水沟宽 20 厘米，沟深 10 ～ 15 厘米，蔬菜（以黄瓜为例）定植株距 25 厘米（图 23.3、图 23.4）。

1. 地膜；2. 浇水沟；3. 畦埂（田间通道）

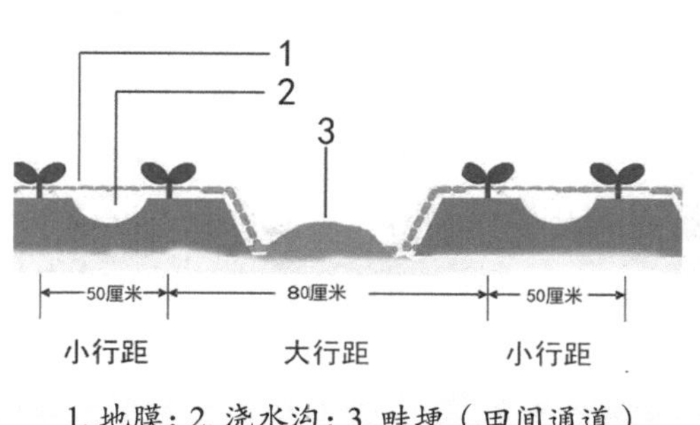

图 23.3　双高垄结构与规格示意图

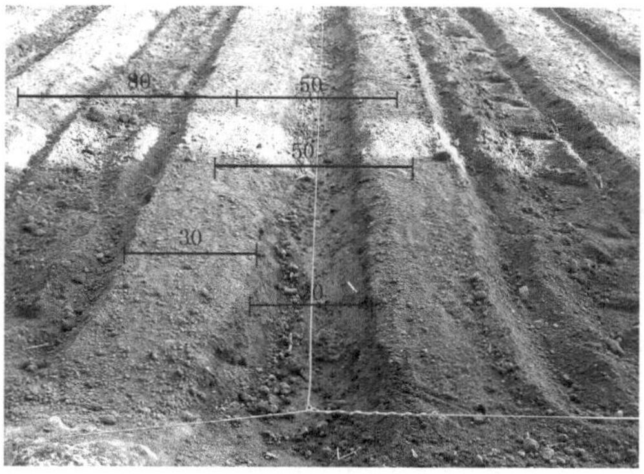

图 23.4　双高垄实际状态

要求在教师指导下，利用农具人工制作覆盖地膜的双高垄，且规格符合要求，垄面平直。

2. 施有机肥

提前 7 天左右浇水造墒。根据土壤肥力确定有机肥用量，比如，可以按每 10 平方米使用腐熟有机肥 100 千克的量投放肥料。将肥料运至温室内后，先将有机肥分散堆放在田间，然后用工具将有机肥均匀撒到栽培田的土壤表面（图 23.5）。对于已经多年种植的温室，畦埂的位置是固定的，即使翻耕也要避开畦埂，肥料应撒在畦面，不能撒在畦埂之上。

3. 撒施化肥

为提高土壤速效养分含量，需要在施用有机肥的基础上施用化肥，例如，可按每 10 平方米使用 1 千克的用量准备氮磷钾（15-15-15）三元复合肥。用耐腐蚀容器承装肥料，用手（戴塑料或橡胶手套）均匀地将其撒施到栽培畦土壤表面（图 23.6）。

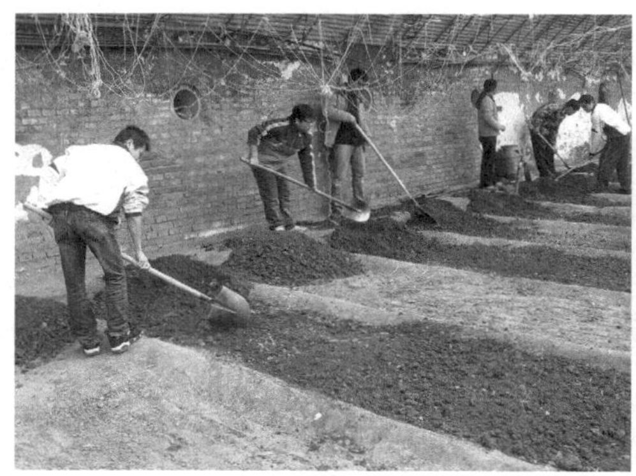

图 23.5　撒施有机肥

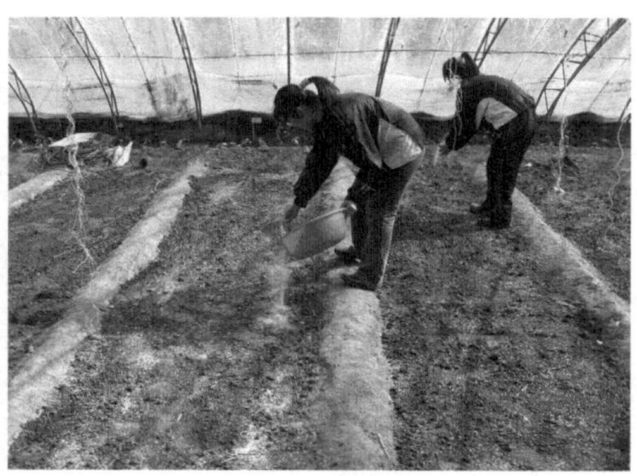

图 23.6　撒施化肥

4. 翻耕土地

用铁锹、镢头等农具，翻耕畦面，将有机肥、化肥翻入土中，翻耕深度20厘米左右。如果作畦规格不变，翻耕时要避开原来的畦埂。操作时注意，动作要规范，对照教师示范动作反复练习，掌握动作要领，培养良好习惯，同时注意人身安全，避免受伤（图23.7）。也可在教师示范、指导、监督下使用机械翻耕。

5. 撒施农药

根据以往田间侵染性病害及虫害情况撒施农药，防治土传病害病原、根结线虫等有害生物。为撒施均匀，可将农药与细土混合配制成药土，然后再撒。操作时要注意个人防护，应穿防护服、戴手套、戴口罩（图23.8）。

图23.7　翻地

图23.8　撒施农药

6. 作双高垄

将畦面土块拍碎，用钉耙将畦面耙平，做成含畦埂宽130厘米的平畦（图23.9）。用线绳在平畦中央拉线并踩一列脚印作为标记。然后用铁锹从平畦中间铲土，将土堆向两侧，形成浇水沟。之后，在畦埂两侧各开一条沟，起土培垄（图23.10）。按预定规格修整双高垄，用钉耙耙平垄面，用铁锹清理浇水沟，不可留有土块，以防浇水时阻挡水流（图23.11）。

7. 浇水找平

向两垄之间的水沟浇水，水渗下后，参照水浸土壤时留下的痕迹，将两垄垄面整平（图23.12）。这样，能保证蔬菜生长期间浇水均匀。

图 23.9　土块拍碎、耙平畦面

图 23.10　开沟起土培垄

图 23.11　修整双高垄

图 23.12　浇水找平

8. 拉托膜线

在沟上悬吊一根铁丝，以防覆盖地膜后地膜贴在沟底，阻碍水流。方法是，先在垄的两端，垂直于垄的延长方向，各拉一道铁丝，然后在两条垄之间的浇水沟上方，拉一道承托地膜的铁丝，高度与垄面相平，这道铁丝的两端，分别固定于垄端的铁丝之上（图 23.13）。

9. 覆盖地膜

多人协作，先在垄的一端开浅沟，将地膜一端埋入土壤加以固定。而后沿行向展开地膜，比较好的方法是在地膜的卷轴中插入一根光滑的木棍，棍的两端露出，两手各执一端，操作者握住木棍移动，膜卷转动，地膜展开。同时，从垄外侧取土，压住地膜两边。将地膜拉至垄另一端后，拉紧地膜，埋土压住，用剪刀将地膜剪断（图 23.14）。一条双高垄的地膜覆盖作业即告完成。

图 23.13 悬吊支撑地膜的铁丝

图 23.14 覆盖地膜

五、问题思考

1. 走访学校周边地区蔬菜种植者，吸收其整地作畦的经验，加以分析整理，为将来从事蔬菜生产打牢技术基础。

2. 回忆本项目的操作步骤，根据自己的亲身操作和体会，提出关于操作流程和具体操作技术的优化建议。

3. 为什么不同地区、不同地下水位、不同蔬菜、不同气候条件下应采用不同畦型？

项目 24　定植

一、学习目标

通过学习和实践，以黄瓜为例，掌握设施蔬菜定植技术。培养分析问题能力和创新精神，树立正确的劳动观，端正劳动态度，培养精益求精的工匠精神，增强服务农业农村现代化、服务乡村全面振兴的使命感和责任感。

二、基本要求

（一）知识要求

1. 知识点

理解定植的概念。了解各种定植方式、各自特点和适用范围。了解定植操作每个环节的注意事项。

2. 名词术语

理解下列名词或专业术语：定植、直播；打孔定植、开沟定植、挖穴定植；明水定植、暗水定植；定植孔、定植穴、定植沟、定植水；定植时间、定植密度、定植深度、株距、行距；打孔器、土坨；摆苗、栽苗、填土、覆土、封穴。

（二）技能要求

能根据定植时间、蔬菜种类等因素选择正确的定植方式；能进行打孔开穴、取苗、摆苗、浇水、栽苗、封穴操作；能按要求的株行距正确完成瓜类蔬菜定植。

三、背景知识

（一）定植的概念

针对需要进行育苗的、非直播的蔬菜，将育好的适龄幼苗移栽到栽培田的操作称作定植。定植后，蔬菜将在栽培田中生长直至收获结束。

（二）定植方式分类

1. 打孔定植

打孔定植指在已经铺好地膜的栽培畦上用人工或机械的方式在地膜上打出定植孔，孔下开出定植穴，然后再栽入蔬菜的定植方式。

打孔的工具称作打孔器，其前端与营养钵外形一致，呈圆筒状，下口细上口粗，打出的定植穴的形状与幼苗所带的土坨完全吻合，从而可以减少填土量。

根据浇灌定植水的先后可以把打孔定植细分为暗水定植、明水定植两种方式。

（1）暗水定植　暗水定植指先浇水、后栽菜的定植方式，俗称“水稳苗”。在覆盖地膜的栽培畦上，按株距、行距打出定植孔，开出定植穴，逐穴浇足水，待水渗下一半时，放入带土坨的幼苗，待水完全下渗后覆土封穴。

暗水定植的优点是不会导致地温大幅度下降，因此，低温季节定植蔬菜时常采用此法，宜选择晴朗的上午进行。

（2）明水定植　明水定植指先栽菜、后浇水的定植方式，俗称“干栽苗”。在覆盖地膜的栽培畦上，按株行距打出定植孔并开出定植穴，栽苗，覆土封穴，再浇水。

明水定植的优点是：定植速度快，省工，蔬菜根际土壤含水充足。缺点是：易降低地温，表土易板结。一般在夏秋高温季节定植蔬菜时采用此法。明水定植宜选择阴天下午或傍晚进行。

2. 开沟定植

（1）概念　开沟定植是指先制作定植沟，然后把幼苗定植在沟内。

（2）特点　开沟定植方式操作快捷，便于控制定植水的水量，有利于维持地温，适合温度较低时露地和设施内定植各类蔬菜时采用。

（3）定植沟规格　定植沟的尺寸根据幼苗土坨大小、根系特点和计划浇水量而定。土坨大、根系深，定植沟要宽而深些；反之，沟要浅而窄。例如，对于茄果类蔬菜，定植沟要深些，对于黄瓜，定植沟要浅些。一般定植沟深

10 ～ 15 厘米，宽 15 ～ 20 厘米。

（4）定植流程

①暗水定植　按行距开沟，在沟内浇水，按株距将幼苗摆放在沟内或摁入土壤中，一般深度要求覆土后土坨上部与地面相平，然后填土，把苗坨埋住。

②明水定植　按行距开沟，在沟内摆放幼苗，填土把苗坨埋好，之后再顺沟浇水。

3. 挖穴定植

（1）概念　在不覆盖地膜的栽培畦上，按株行距挖定植穴，然后定植蔬菜幼苗。可以采用明水定植或暗水定植的方式。

（2）定植穴规格确定　对于需要搭建支架的蔬菜，同畦内两行定植穴要相对；对于不需搭建支架的蔬菜，两行之间定植穴相互错开。定植穴大小、深浅根据幼苗的土坨大小、浇水方式和蔬菜根系特点确定。

（三）定植时期

不同类型蔬菜露地栽培的定植时期主要受气候条件，尤其是温度条件影响。喜温、耐热蔬菜的春季定植时期是当地晚霜结束后或 10 厘米地温达到 10 ～ 15℃时；秋季定植时期以早霜之前收获完毕为准，根据生育期再向前推算。耐寒、半耐寒性蔬菜春季定植时期是当地土壤化冻或 10 厘米地温达到 5 ～ 10℃时；秋季定植期以早霜开始后 15 ～ 20 天收获完毕为准，根据生育期向前推算。

设施蔬菜定植期主要由设施保温性能、栽培茬口、蔬菜种类、蔬菜预计上市期决定。

（四）定植密度

1. 定植密度的概念

定植密度指单位面积土地的定植株数。合理的定植密度能形成合理的群体结构，让蔬菜个体能充分利用光能、土壤肥力、栽培空间，发育良好，能发挥群体增产作用，从而取得高产优质的栽培效果。

2. 影响定植密度的因素

定植密度因栽培形式、栽培目的、蔬菜种类、品种类型而异。例如，地爬的蔓性蔬菜密度宜小，直立生长或支架栽培的蔬菜密度可增大；采收肉质根或叶球的蔬菜，为提高个体质量，密度宜小，而采收幼株的叶菜类为提高群体产量密度宜大；多次采收的茄果类及瓜类，早熟品种密度宜大，晚熟品种密度宜小。

3. 主要蔬菜定植密度

黄瓜定植密度为 3 000 ～ 4 500 株 /666.7 平方米，平均行距 60 ～ 80 厘米，株距 20 ～ 30 厘米；番茄定植密度为 2 500 ～ 4 000 株 /666.7 平方米，平均行距 50 ～ 60 厘米，株距 30 ～ 40 厘米；辣椒（每穴双株）定植密度为 4 000 ～ 4 500 株 /666.7 平方米，平均行距 50 ～ 60 厘米，穴距 30 ～ 40 厘米；结球甘蓝定植密度为 3 000 ～ 3 500 株 /666.7 平方米，平均行距 50 厘米，株距 40 厘米。

（五）定植深度

一般以要求定植后地面与幼苗在育苗时基质或营养土表面相平，不埋住子叶和生长点，徒长苗适当深栽。不同蔬菜定植深度有差异，比如冬季和早春栽植黄瓜，应该浅些，如农谚所说："黄瓜露坨儿茄子没脖儿。"

四、实习实训

（一）准备

1. 材料

蔬菜适龄幼苗（如黄瓜幼苗）。

2. 用具

水桶、水壶、水勺、小铲及其他农具。

（二）步骤与内容

1. 覆盖地膜

低温季节定植，提前覆盖地膜，提高土壤温度（图 24.1）。

2. 标记位置

用一段与垄等长的绳或软尺，其上按株距 25 ～ 30 厘米做标记，然后两人各执一端，拉直，按标记用小木棍在地膜上插孔，标示需要打定植孔的位置（图 24.2）。同一双高垄的两行定植穴的标记位置应相互交错。

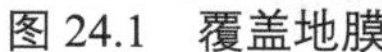
图 24.1　覆盖地膜

图 24.2　拉绳定位

3. 打孔开穴

一条地膜下的双高垄由两条垄组成，在每条垄的垄面上，用打孔器在地膜上打出定植孔，再连续向下按，打出定植穴。定植穴以土面与打孔器上沿平齐为准，保证定植后幼苗土坨表面与垄面相平。不同蔬菜定植穴深度有差异，例如，黄瓜的定植穴可以浅些（图 24.3）。

4. 取苗

操作者一只手托着营养钵底部，另一只手手指夹住幼苗基部，倒扣营养钵，然后去掉营养钵，将幼苗带土坨取出。

5. 摆苗

把幼苗运至栽培田，摆放到定植穴旁边，每穴 1 株，一一对应（图 24.4）。剔除病苗、过弱苗。

图 24.3　打孔开穴

图 24.4　摆放幼苗

6. 浇水

用水壶或其他工具按穴浇水，水量要浇足。如果水量不足，需要在栽苗后、封穴前再补浇一遍。

7. 栽苗

趁定植穴中的水尚未完全渗下，迅速把幼苗安放到定植穴内，水下渗的过程中，土坨会与双高垄土壤紧密结合在一起（图 24.5）。多数蔬菜要求定植的深度以苗坨与垄面相平为宜，黄瓜苗坨上部可与垄面持平，也可略高于垄面（图 24.6）。

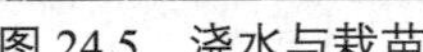

图 24.5　浇水与栽苗

图 24.6　黄瓜幼苗定植后状态

8. 封穴

从行间取土，将苗坨与土壤、地膜之间的空隙封严。注意，不要在苗坨表面即植株茎基部培土，以保持茎基部的相对干燥状态，预防病害发生。

五、问题思考

1. 分析明水定植和暗水定植分别在什么情况下采用。
2. 打孔定植需要注意哪些问题？

项目 25　灌溉

一、学习目标

通过学习与实践，掌握蔬菜灌溉的基本方法与基本原则，从而能根据环境条件、土壤状况、蔬菜生长状态等具体情况进行灌溉。

二、基本要求

（一）知识要求

1. 知识点

理解灌溉的概念，掌握灌溉的基本方式。

2. 名词术语

理解下列名词或专业术语：灌溉、灌溉制度；明水灌溉、沟灌、畦灌、漫灌、暗水灌溉、微灌、滴灌、喷灌；土壤含水量、土壤质量含水量、土壤容积含水量、土壤相对含水量、田间持水量；水分临界期、需水强度；定植水、缓苗水、催果水、催瓜水。

（二）技能要求

能够进行蔬菜栽培田的灌溉操作，能够综合考虑土壤、环境、蔬菜生长状态等因素，参考栽培经验，确定蔬菜浇水量和浇水间隔时间。

三、背景知识

（一）灌溉及灌溉制度

灌溉，是人为地补充蔬菜栽培田土壤水分，以满足蔬菜生长发育对水分需求的一种技术措施。

灌溉制度，指种植前及全生育期内的灌溉方案，包括灌溉次数、灌溉周期、一次灌溉延续时间、灌溉定额等指标的确定。灌溉制度主要依据蔬菜需水规律资料数据、蔬菜生育期内日耗水量、灌溉上限下限及湿润比数据等以及以往灌溉经验制定。

（二）灌溉方式

1. 明水灌溉

在地面上做水沟，让水沿一定坡度，自然流入栽培畦内或流入垄间水沟，来提高土壤含水量的灌溉方式（图 25.1）。

明水灌溉分为沟灌、畦灌、漫灌等形式。

明水灌溉简单易行，但较费工费水，易使土表板结，水量不易控制。在设施内采用时，灌溉后地面水分蒸发量大，容易导致空气湿度大幅度增高。

明水灌溉方式适用于水源充足、土地平整、土层较厚的土壤和地段，多在露地大面积蔬菜生产中使用。

2. 暗水灌溉

在栽培学上，暗水灌溉通常指在灌溉时，不能从田间地表直接看到大量水的灌溉方式。

（1）膜下沟灌　膜下沟灌指从地膜下面的暗沟中浇水的一种暗水灌溉方式。

其优点是：节水省工；能减少地表水分蒸发，防止设施内空气湿度因浇水而大幅度升高，对低温季节预防侵染性病害有利；低温季节可以避免地温大幅度降低。

膜下沟灌在设施栽培中被广泛采用，尤其适合在低温季节各种设施内的果菜类蔬菜栽培中使用。

（2）渗灌　利用埋设在地下的管道，将水引入蔬菜根系分布的土层，借毛细管作用向四周湿润土壤的灌溉方式。

3. 微灌

微灌主要指滴灌、喷灌。

（1）滴灌　指利用低压管道系统把清水或溶有肥料的水均匀而缓慢地滴入蔬菜根部附近土壤的灌溉方式（图 25.2）。

其优点是：节水省工，水量容易控制且分布均匀，土表不易板结，既利于根系呼吸，又能满足蔬菜生长发育需求。

可以灵活运用滴灌方式，比如，可以将滴灌管置于地膜之下，也可以将滴灌管置于双高垄小行间的沟中。

（2）喷灌　喷灌指利用专门设备把有压水流喷射到空中并散成水滴落下的灌溉方法。

喷灌容易导致部分侵染性病害流行，主要用于工厂化穴盘育苗和叶菜类蔬菜生产。

图 25.1　明水灌溉

图 25.2　地膜下滴灌

（三）土壤湿度的相关概念

土壤湿度即土壤含水量，在栽培学中，习惯称土壤湿度，在土壤学中，习惯称土壤含水量。

1. 土壤含水量

土壤含水量指土壤中水分的含量。测量土壤含水量可掌握土壤水分状况。结合蔬菜需水特点，了解土壤水分是否能满足蔬菜需要，对生产有重要的指导意义。

土壤含水量有多种表示方法。

土壤质量含水量，指土壤中所含水的质量占烘干土壤质量的百分数。

土壤容积含水量，指土壤水分体积占土壤总体积的百分数。

土壤相对含水量，指土壤含水量占田间持水量的百分数。

2. 田间持水量

田间持水量指土壤所能稳定保持的最高土壤含水量，也是土壤中所能保持悬着水的最大量，是对作物有效的最高的土壤含水量，常用来作为灌溉上限和计算灌溉定额的指标。

（四）蔬菜需水规律

1. 水分临界期

生命周期中，植物对水分最敏感、最易因水受害的时期称为水分临界期。

蔬菜生长发育中期，生长旺盛，需水最多，对水分最敏感，水对产量影响最大，通常为蔬菜的水分临界期。

2. 需水强度

需水强度指单位面积的植物群体在单位时间内的需水量。

需水强度可以用蒸发皿（中式蒸发皿规格为直径 20 厘米，深度 10 厘米）测定，获得日蒸发量后进行换算，得到需水强度。

日光温室蔬菜的需水量可直接使用蒸发皿测定的水面蒸发量数据，测量时，蒸发皿可固定在蔬菜植株顶部位置。

3. 几种蔬菜对土壤湿度的要求

（1）番茄对土壤湿度的要求　番茄枝叶繁茂，蒸腾量较大，需水量也大，但根系发达，吸水力强，属于半耐旱蔬菜。因此，番茄既需要较多的水分，又不能忍受经常大量灌溉。番茄栽培田土壤湿度以田间持水量的 60% ～ 80% 为宜。

番茄不同生长发育时期对水分要求不同。幼苗期需水量较少，土壤湿度不宜太高，应适当控制水分；开花坐果期之后，第一穗果实坐住并逐渐膨大，此时对水分需求增多；结果期，尤其是在盛果期，需要大量水分，应保持土壤湿度稳定，防止过干过湿；采收前，适当控制水分，防止出现裂果，防止影响产品贮运性和货架期。

（2）辣椒对土壤湿度的要求　辣椒既不耐旱也不耐涝。植株本身需水量不大，但因根系不发达，吸水能力弱，需经常灌溉。开花坐果期土壤水分不足甚至干旱，极易引起落花落果并影响果实膨大。如土壤水分过多甚至发生涝害，会引起植株萎蔫，严重时植株成片死亡。

土壤湿度会影响空气湿度。辣椒对空气湿度要求也较严格，空气相对湿度以 60% ～ 80% 为宜，低温季节，如果浇水后地表水分蒸发量大，空气湿度过高，容易引起病害流行。如果浇水过少，土壤干旱，也会导致空气干燥，对辣椒授粉、受精和坐果都不利。

（3）黄瓜对土壤湿度的要求　黄瓜对水分要求虽然因生育期、生长季节而不同，但总体上表现为喜湿怕涝又怕旱。黄瓜结瓜盛期要求土壤含水量达到田间持水量的 85% ～ 95%。永久性萎蔫点（指植物萎蔫时无法恢复正常状态时的土壤水势或土壤含水量）的土壤含水量明显比其他蔬菜高。因此，必须经常浇水才能保证黄瓜正常结瓜和高产。但每次浇水量过大又会造成土壤板结和积水，反而影响土壤的通气性。冬季时，土壤湿度高且地温低，容易引起沤根。

（五）合理灌溉的依据

1. 根据气候变化灌溉

低温期，尽量不浇水或少浇水，如果浇水，应选择寒流结束、晴暖天气开始的晴天午前浇水，俗称“冷尾暖头”。高温期，增加浇水次数，具体浇水时间选择早晨或傍晚。

2. 根据土壤情况灌溉

土壤缺水时应及时浇水。沙壤土多浇水；黏壤土少浇水；盐碱地可大量浇明水；低洼地则应小水勤浇。

3. 根据蔬菜种类、生育时期和生长状况灌溉

（1）根据蔬菜种类灌溉　对白菜类、瓜类等根系浅而且叶面积大的蔬菜，要经常浇水；对番茄、茄子、豆类等根系深而且叶面积大的种类，应保持土壤“见干见湿”；对生长速度快的叶菜类蔬菜应保持表土湿润。

（2）根据蔬菜生育期灌溉　种子发芽期需水多，播种时要浇足播种水；以根系生长为主时，例如果瓜类蔬菜定植后的蹲苗期，要求土壤湿度适宜，水分不能过多，少浇水或不浇水；蔬菜地上部功能叶及食用器官旺盛生长时需水量大，要大量浇水。露地栽培果菜类蔬菜的始花期，既要避免水分过多，又要避免过于干旱，如果没有覆盖地膜，应先浇水后中耕。食用器官接近成熟时期一般不再浇水，以免延迟成熟、叶球开裂或裂果。

（3）根据植株长势灌溉　根据叶片的外形变化、色泽深浅、蜡粉厚薄以及茎的节间长短等形态指标，确定是否浇水。例如，露地栽培的黄瓜，其叶片如果早晨下垂，中午萎蔫严重，傍晚不易恢复；再如，甘蓝、洋葱叶色灰蓝，表面蜡粉增多，叶片脆硬。这些都说明缺水，要及时浇水。

四、实习实训

（一）准备

1. 地点

准备日光温室、塑料大棚或露地等栽培场所，要求栽培黄瓜、番茄、辣椒或其他果菜类蔬菜，畦型包括双高垄、平畦等，部分栽培畦覆盖地膜，可以

利用浇水沟、滴灌设备等多种灌溉形式进行灌溉。

2. 安排

在时间和内容上，分散安排实习实训，安排依据主要考虑蔬菜生长状态、栽培季节等因素。

（二）步骤与内容

1. 田间观察

在教师带领下，观察各种灌溉方式，理解各种灌溉方式的特点，同时观察蔬菜生长情况，理解如何根据蔬菜生长发育特点确定浇水时间和浇水量。

2. 蔬菜灌溉技能训练

（1）番茄灌溉

①缓苗水　定植约 7 天后，番茄幼苗恢复生长，浇 1 次缓苗水，以后进入蹲苗期。

②催果水　蹲苗期内一般不再浇水。当大果型番茄第一穗果实如山楂大小时，适时结束蹲苗，浇一遍水，俗称催果水。对早熟品种，浇催果水的时期可适当提前，以防因缺水抑制茎叶生长和根系发育。

③结果期多次浇水　浇催果水之后，植株生长进入结果期，第一穗果实开始膨大，植株中上部陆续开花、坐果，结果与采收交错进行。此期，通常 7 ～ 8 天浇 1 次水。视具体情况确定浇水间隔时间，例如，低温季节，严禁浇水过勤和浇水量过大，以免造成空气湿度和土壤湿度过高，防止因低温高湿引发侵染性病害。

（2）辣椒灌溉

①缓苗水　定植约 7 天后，浇 1 次缓苗水。低温季节，如日光温室冬春茬辣椒，在定植时浇足定植水的前提下，可以不浇缓苗水。

②催果水　缓苗后进入蹲苗期，不宜浇水，尤其是日光温室冬春茬辣椒，尽量不浇水，初春严寒期，若出现缺水现象时，则需要从地膜下的浅沟中浇小水。门椒（指辣椒植株上，在第一个分杈处所结的第一个辣椒果实）坐住后，浇 1 次催果水，结束蹲苗。

③结果期多次浇水　辣椒的需水量不大，但由于根系分布较浅，且耐旱、耐涝性差，因此需经常供给水分，才利于其正常生长发育、开花坐果和果实长大。

浇水时间选择晴天中午前后，阴天不浇水，防止地温降低。

结果期的浇水量与浇水间隔时间随环境变化，以日光温室冬春茬辣椒为例，随着外界气温逐渐回升、土壤水分蒸发量和植株叶面蒸腾量加大，植株结果需水量也日渐增加。因此，应逐渐缩短浇水间隔天数，一般由 20 天左右浇 1 次水逐渐缩短为 12 ～ 15 天浇 1 次水。还可以由往小行间膜下沟内浇水，改为往大行间的大沟里浇水。5 月中旬至 6 月中旬，随着昼夜通风和天气干燥，温室内土壤水分蒸发量增大，且植株正值结果盛期，需水量大，应每 8 ～ 10 天浇 1 次水，而且适当增加每次的浇水量。

（3）黄瓜灌溉

①缓苗水　定植后 3 天即浇缓苗水，最晚定植后 7 天浇缓苗水。

②催瓜水　浇缓苗水后到根瓜（指黄瓜植株上结出的第一条瓜）坐住之前为蹲苗期，此期间一般不浇水，这是因为，在蹲苗期间，根瓜尚未坐住，浇水容易导致茎叶徒长，如果土壤干旱，空气干燥，甚至叶片都有些萎蔫严重，可以从双高垄外侧浇小水。

直到根瓜长约 10 厘米，确已坐住，可以浇 1 次催瓜水，结束蹲苗。

③结瓜期多次浇水　黄瓜结瓜延续时间长，只有保证充足的水分供应才能获得高产量。根据黄瓜生长发育状态、土壤含水量并结合经验确定浇水时机，前期间隔时间长些，中期间隔时间短些，通常每 5 ～ 7 天浇 1 次水。低温期，浇水时间选择晴天上午。气温高，生长旺盛，甚至需要每隔 3 天浇 1 次水。

五、问题思考

1. 如何根据蔬菜生长发育特点和环境条件，掌握浇水时机和浇水量？
2. 瓜类、茄果类蔬菜结束蹲苗时，如何掌握浇催瓜水或催果水的时机？

项目 26　施肥

一、学习目标

通过学习和实践，掌握蔬菜土壤追肥的基本方法与原则，并能根据气候、土壤、植株长势等具体情况进行合理土壤追肥。培养分析问题的能力和创新精神，树立正确的劳动观，端正劳动态度，培养精益求精的工匠精神，增强服务农业农村现代化、服务乡村全面振兴的使命感和责任感。

二、基本要求

（一）知识要求

1. 知识点

理解土壤追肥的概念，了解主要土壤追肥的方式。

2. 名词术语

理解下列名词或专业术语：基肥、追肥、叶面喷肥；有机肥、化肥；迟效肥、速效肥；撒施、沟施、穴施；施肥量、肥效；土壤追肥、随水冲施；缺素、营养失调。

（二）技能要求

能在实际生产中，正确进行番茄、辣椒、黄瓜的土壤追肥操作。

三、背景知识

（一）施肥相关概念与施肥方式

1. 基肥

基肥也称底肥，是蔬菜播种或定植前结合整地施入的肥料。

其特点是施肥量大、肥效长，不但能为整个生育时期提供养分，还能为蔬菜创造良好的土壤条件。基肥一般以有机肥为主，根据需要配合一定量的化肥，化肥应迟效肥与速效肥兼用。基肥的施用有多种方式。

（1）撒施　将肥料均匀地铺撒在栽培田土壤表面，结合翻耕翻入土中，使肥料与土壤混匀。

（2）沟施　栽培畦（垄）上开沟，将肥料均匀撒入沟内，施肥比较集中，有利于提高肥效。

（3）穴施　按株行距开好定植穴，在穴内施入适量的肥料，既节约肥料，又能提高肥效。

采用后两种方法时，应在肥料上覆一层土，防止种子或幼苗根系与肥料直接接触导致烧种或烧根。

2. 追肥

对蔬菜而言，追肥既是具体指在蔬菜生长发育过程中施入的肥料，也指在蔬菜生长发育过程中采取的施肥措施。一般而言，追肥是指土壤追肥。

追肥的目的是，补充基肥的不足；满足蔬菜中后期生长发育对营养的需求；预防缺素，避免营养失调。

土壤追肥注重对蔬菜当前生育时期的营养作用，因此，追肥以速效性化肥为主，如尿素、磷酸二氢钾、硫酸钾、微量元素肥料等，也可施入充分腐熟的有机肥。施用量可根据基肥的多少、蔬菜种类和生长发育时期确定。

施肥方式有多种。

（1）地下埋施　地下埋施指沟施和穴施，在蔬菜行间或株间，离根系一定距离处开沟或开穴，把肥料施入沟内、穴里，之后覆土、浇水。

（2）地面撒施　将肥料均匀撒于蔬菜行间，浇水后，肥料随灌溉水渗入土壤中。

（3）随水冲施　将肥料用水溶化或稀释，在灌溉时于入水口随水施入。

（4）滴灌施肥　把肥料配成水溶液，利用滴灌设备随水施入。

3. 叶面喷肥

将配制好的肥料溶液直接喷洒在蔬菜茎叶上的一种施肥方法。

此法可以迅速提供蔬菜所需养分，避免土壤对养分的固定，提高肥料利用率和施用效果。多在蔬菜出现缺素、营养失调等症状时，作为快速补充肥料的措施使用。

用于叶面喷肥的肥料主要有磷酸二氢钾、复合肥及可溶性微量元素肥料，施用浓度因肥料种类而异，浓度过高易造成叶面伤害。

（二）主要蔬菜的需肥特点

1. 番茄需肥特点

番茄在发育过程中，需从土壤中吸收大量养分。氮肥对茎叶的生长和果实的发育有重要作用。番茄对磷肥的吸收量略少，但磷肥影响根系和果实发育。番茄对钾吸收量最大，钾对糖的合成、运转以及提高细胞液浓度、加大细胞的吸水量都有重要作用。番茄吸钙量也很大，缺钙时生长点容易坏死，果实容易发生脐腐病。

2. 辣椒需肥特点

辣椒对营养条件要求较高。氮素不足或过多都会影响营养体的生长及营养分配，导致落花。充足的磷、钾肥有利于提早花芽分化，促进开花及果实膨大，并能使植株健壮，增强抗病力。氮磷肥供应良好时，叶片呈尖端较长的三角形，钾肥充足时，叶片呈宽幅的椭圆形。

3. 黄瓜需肥特点

黄瓜喜肥，但吸肥能力弱，不耐矿质肥料。

由于黄瓜茎叶生长快，且在短期内形成大量果实，必然会消耗土壤中大量养分，因此，黄瓜喜肥且需肥量较多。但黄瓜根系分布范围小，吸肥能力相对较弱，可忍受的土壤溶液浓度也较低，土壤溶液浓度过高会造成“烧根”。

因此，对黄瓜施追肥，应注重使用有机肥、菌肥，提高土壤缓冲能力，在此基础上才能施用速效化肥；追施化肥应掌握“少量多次”的原则；追肥必须与浇水相结合。

（三）合理施肥的依据

1. 依据蔬菜种类施肥

不同蔬菜对养分要求和吸收利用能力不同。例如，白菜类、甘蓝类、叶菜类蔬菜喜速效氮肥，但在施用氮肥的同时，还需增施磷、钾肥；瓜类、茄果类和豆类等果菜类蔬菜，一般幼苗期需氮较多，开始结果后，需磷量剧增，要增施磷肥，控制氮肥；根菜类蔬菜，其生长前期主要供应氮肥，到肉质根膨大期则要多施钾肥，减少氮肥用量。

2. 依据生育期施肥

蔬菜在各生育期对土壤营养的要求不同。幼苗期根系不发达，吸收养分量不多，但要求很高，应适当施一些速效肥料；在营养生长期，植株需要吸收大量的养分，因此必须供给充足肥料。产品器官形成期是追肥的关键时期，要保证肥料充足。

3. 依据栽培条件施肥

沙质土壤保肥性差，故施肥应少量多次；高温多雨季节，植株营养生长迅速，对养分的需求量大，但应控制氮肥的施用量，以免造成营养生长过盛，导致生殖生长延迟；高温、低温、干旱季节，应少追肥；在高寒地区，应增施磷、钾肥，提高植株的抗寒性。

4. 依据肥料种类施肥

化肥种类繁多，性质各异，施用方法也不尽相同。铵态氮肥易溶于水，肥效快，但其性质不稳定，易分解并挥发出氨气，因而施用时应深施并立即覆土。尿素施入土壤后要经微生物转化才能被吸收，因此追肥时要提前施用，采取条施、穴施、沟施方式，避免撒施，而且，要注意施入期间土壤温度。

四、实习实训

（一）准备

准备有机冲施肥、磷酸二铵、硫酸钾、尿素等肥料。实习实训分散进行，将实践内容融入日常的管理之中，以黄瓜、辣椒、番茄的土壤追肥为例，学习蔬菜施肥技术。

（二）步骤与内容

1. 田间观察

在设施内，在教师带领下，观察蔬菜，综合分析栽培季节、蔬菜生长发育时期、蔬菜长势等因素，通过讨论、交流等方式，确定施肥方案。

2. 蔬菜施肥操作

（1）番茄施肥　以越冬茬番茄为例。

浇缓苗水后进入蹲苗期间，不追肥。第一穗果实坐住后，结合催果水，随水追肥（图 26.1）。例如，每 666.7 平方米随水追施尿素 10 ～ 15 千克。为施肥方便，可使用施肥器或比例式注肥泵（图 26.2）。

图 26.1　施用冲施肥

图 26.2　利用比例式注肥泵施肥

12 月份至第二年 1 月份，气温、地温很低，日照时间短，光照强度弱。开始采收后，植株结果数量增多，需要补充营养，应开始追施速效氮肥和磷、钾肥。每次每 666.7 平方米可施磷酸二铵 25 千克、硫酸钾 20 千克，或氮磷钾（15-15-15）复合肥 30 千克。

2 月中旬以后气温回升，天气逐渐转暖，每穗果实坐住后，分别追施 1 次催果肥。使用冲施肥，或将尿素、硫酸钾等肥料溶于水中，随水冲施，每 666.7 平方米用肥量 15 ～ 20 千克。

栽培后期，如果植株有早衰迹象，可以冲施磷酸二铵等肥料。

（2）辣椒施肥　门椒坐住后（核桃大小时），结合浇水每 666.7 平方米追施磷酸二铵 30 千克；门椒采收后，对椒膨大期每 666.7 平方米施硫酸铵 30 ～ 40 千克。以后每层果实采收后均施肥。

（3）黄瓜施肥　对于黄瓜的追肥量、肥料种类、追肥时间，目前没有统一的具体的标准，主要是根据黄瓜不同生育期需肥特点、生长发育状态、环境状况以及对土壤肥力的检测，参考以往经验，灵活进行。

黄瓜土壤追肥掌握的原则是：结果初期生长量和结果量都不多，追肥量较少，施肥间隔期较长。结瓜中期需肥量较大，必须大量追肥，原则上每浇 1 次水，随水施 1 次肥，如果浇水间隔期较短，可以每隔 1 次水施 1 次肥。结瓜后期，为防止早衰也要注意追肥，尽量延长结瓜期，增加产量。

最常用的追肥方式是随水冲施或滴灌施肥，可以施用磷酸二铵或多元复合肥。

五、问题思考

1. 对果菜类蔬菜追肥，有哪些规律可循？
2. 使用化学肥料时，如何施用才能减轻土壤盐渍化程度？

项目 27　黄瓜植株调整

一、学习目标

通过学习和实践，掌握黄瓜吊蔓、盘蔓、摘除卷须等植株调整技术，进而理解其他蔬菜植株调整的原理和技术。培养分析问题的能力和创新精神，树立正确的劳动观，端正劳动态度，培养精益求精的工匠精神，增强服务农业农村现代化、服务乡村全面振兴的使命感和责任感。

二、基本要求

（一）知识要求

1. 知识点

理解植株调整的概念，理解植株调整的主要方法，了解植株调整对蔬菜生长发育、产品器官形成以及品质的影响。

2. 名词术语

理解下列名词或专业术语：吊架、支架；吊蔓、绕蔓、落蔓、盘蔓；摘心、打杈、摘叶；地上部、地下部、营养生长、生殖生长。

（二）技能要求

能够对设施栽培的黄瓜进行吊蔓、落蔓等植株调整操作。

三、背景知识

（一）植株调整的意义

在蔬菜生产中，人为地采取摘心、打杈、摘叶、疏花、疏果等措施，以调节植株生长、发育的进程，从而促进形成更多、更好的产品器官或部分，这样的操作称作植株调整。

植株调整的理论基础是，每一棵植株都是一个整体，植株上任何一个器官的消长都会影响到其他器官的消长。

植株调整的具体内容包括：搭架、吊蔓、绕蔓、落蔓、盘蔓、打杈、摘心、摘叶、疏花、疏果等。

（二）植株调整的作用

1. 调节营养平衡

通过促进或抑制某一器官或部分的生长，调整植株地上部和地下部生长的关系，营养生长和生殖生长的关系，产品器官和非产品器官的关系，主次关系（主根与侧根的关系、主要器官与次要器官的关系），从而使植株生长发育更加协调。

2. 提高产量和品质

促进产品器官形成，提高单果质量，增加单位面积产量，并改善品质。

3. 改善栽培环境

改善田间通风透光条件，从而能够提高光能利用率，减少病虫害和植株机械损伤。

四、实习实训

（一）准备

1. 材料

日光温室栽培黄瓜植株；胶丝绳、铁丝。

2. 工具

剪枝钳、剪刀、记号笔、吊牌等。

（二）步骤与内容

1. 整理

（1）吊蔓　设施黄瓜一般不像露地黄瓜那样采用竹竿支架，而是采用吊架（图 27.1）。

吊架的制作方法是：在每条栽培行上方沿行向拉一道铁丝，铁丝的南端可以直接绑在温室前屋面下的拉杆上。在温室北部后屋面下面，东西向拉一道铁丝，把栽培畦上的铁丝北端绑在这道铁丝上（图 27.2）。铁丝上绑胶丝绳作为吊绳，每棵黄瓜对应一根。在贴近栽培行地面的位置沿行向再拉一道胶丝绳，与栽培行等长，两端绑在木橛上，插入地下，每根吊绳都绑在这条贴近地面的拉线上。

在缓苗后的蹲苗期及时吊蔓，方法是用手将黄瓜茎蔓缠绕到吊绳上，使之顺吊绳攀缘而上，所有植株缠绕方向应一致。

图 27.1　教师田间讲解吊蔓

图 27.2　日光温室黄瓜吊架

（2）绕蔓　绕蔓就是在吊蔓之后的黄瓜植株生长期间，经常性地把主蔓缠绕到吊绳上，避免生长点部位下垂。

操作时一手捏住吊绳，一手抓住黄瓜主蔓，按顺时针方向缠绕（图 27.3）。黄瓜生长速度快，隔几天就要绕蔓 1 次。

图 27.3　黄瓜绕蔓

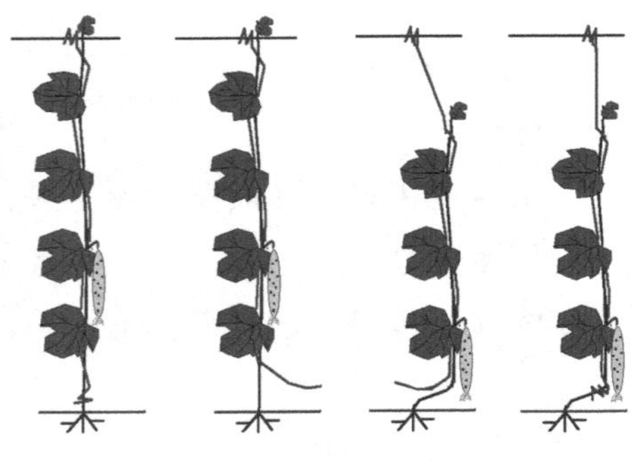

图 27.4　黄瓜落蔓方法示意图

（3）落蔓与盘蔓　黄瓜植株生长点到达吊绳上端后，为能连续结瓜，应在摘叶后落蔓。落蔓方法是，先将绑在植株基部的吊绳解开，一手捏住黄瓜的茎蔓，另一只手从植株顶端位置向上拉吊绳，因为吊绳是松开的，很容易被拉起。也就是说，要向上拉线，而不是向下拉黄瓜茎蔓（图 27.4）。通过落蔓，植株的生长点位置就降下来了，黄瓜就又有了继续生长的空间。

让摘除了叶片的黄瓜植株下部茎蔓盘绕在地面上，然后再把吊绳下端绑在茎蔓适当的位置，称作盘蔓（图 27.5）。对没有叶片且盘曲在地面上的茎蔓要进行保护，这是因为灰霉病、蔓枯病病菌很容易从节的位置侵染，如果发现节部染病，可以涂抹杀菌剂。

经验表明，落蔓和盘蔓后，整个植株地上部保留 16 ～ 17 片叶最为适宜。叶片过多则植株郁闭，叶片过少则光合面积小，不利于高产优质。实践中，不能为减少落蔓次数，使每次落蔓幅度过大（图 27.6）。

图 27.5　黄瓜盘蔓后状态

图 27.6　落蔓幅度过大的错误操作示例

2. 摘除

（1）打杈　打杈即摘除侧枝，设施黄瓜多采用单干整枝方法，利用主蔓结瓜，要将侧枝全部摘除，只有在栽培后期，本茬栽培结束之前，才可能利用下部侧枝结少量的“回头瓜”。

（2）摘叶　摘叶即摘除黄瓜植株下部老叶。

①摘叶的必要性　随着植株生长，下部叶片逐渐老化，且处于弱光环境下，光合能力降低，消耗量增加，成为植株的负担；老叶导致植株郁闭，田间通风透光性变差；植株下部一些老叶与土壤接近，而土壤又是多种病菌的寄存场所，老叶的存在容易引发病害。因此，要及时摘叶。

②摘叶的方法　摘叶时，要从叶柄基部将老叶掐去，所留叶柄不宜过长，因为留下的叶柄容易成为病菌的寄居场所和侵染入口，增高发病概率（图 27.7）。

（3）摘除卷须　卷须的作用是攀缘，采用吊架栽培时，没有必要利用卷须的攀缘作用，保留卷须反而徒增养分消耗，因此，有必要将黄瓜植株上所有的卷须摘除。

摘除卷须时，应从卷须基部用手掐断，收集起来，带出栽培田（图 27.8）。如果田间有感染病毒病的植株，操作时应“先健后病”，对病株操作后要用肥皂水洗手，避免把带毒汁液传到健康植株上。

图 27.7　摘除老叶

图 27.8　摘除卷须

五、问题思考

1. 分析植株调整对日光温室黄瓜生产的重要性。
2. 为什么设施黄瓜通常采用单蔓整枝方式？
3. 说明为什么蔬菜植株调整操作必须以其结果习性为依据。

项目 28　黄瓜乙烯利促雌

一、学习目标

通过学习和实践，了解用乙烯利进行黄瓜促雌处理的必要性，进而认识植物生长调节剂在调控蔬菜生长发育中所发挥的作用。掌握黄瓜苗期乙烯利促雌技术，为用喷雾法进行植物生长调节剂处理打下基础。培养分析问题的能力和创新精神，树立正确的劳动观，端正劳动态度，培养精益求精的工匠精神，增强服务农业农村现代化、服务乡村全面振兴的使命感和责任感。

二、基本要求

（一）知识要求

1. 知识点

理解用乙烯利处理黄瓜幼苗的必要性，掌握用乙烯利处理黄瓜幼苗的关键技术环节。

2. 名词术语

理解下列名词或专业术语：乙烯利、水剂、酸碱度、pH；促雌、花芽、花芽分化、性型、性型分化、雌花、雄花、中性花、雌雄同株异花；疏花、去雄、制种；二叶一心、商品瓜、簇生。

（二）技能要求

能够配制规定浓度的乙烯利溶液，能够进行黄瓜苗期乙烯利处理操作。

三、背景知识

（一）乙烯利的特点

乙烯利是一种有机化合物，纯品为白色针状结晶，易溶于水、甲醇、丙酮、乙二醇、丙二醇，是高效的植物生长调节剂，具有促进雌花形成、促进果实成熟等作用。对皮肤、眼睛有刺激性，对黏膜有酸蚀作用。

（二）黄瓜栽培过程中进行乙烯利处理的必要性

绝大多数黄瓜品种为雌雄同株异花，其花虽有雌花和雄花之别，但在其分化初期却是中性花，即具有雌蕊和雄蕊两种性别原基，在发育过程中受环境、营养等因素的影响而发生转化。当黄瓜幼苗第一片真叶初展时，花芽已进行分化，但并没有进行性型分化，也就是说雌雄性别还没确定。此时，使用乙烯利能改变黄瓜花芽的性型，使花原始体向雌花方向转化，从而增加雌花数而减少雄花数。因此，利用乙烯利诱导黄瓜形成更多雌花，并结合疏花、水肥管理等技术措施，是提高某些品种黄瓜产量的一种技术手段（图 28.1、图 28.2）。

图 28.1　未经乙烯利处理时形成大量雄花

图 28.2　经乙烯利处理后形成大量雌花

另外，乙烯利能大量去雄，甚至在一定节位内不发生雄花，这又有利于在黄瓜制种过程中简化流程、节约人力。

除苗期使用乙烯利以外，定植后也可以使用，例如秋冬茬黄瓜生长前期，由于环境温度偏高，植株下部雌花很少，甚至有时植株上只有大量雄花而没有雌花，此时可以使用乙烯利促雌。

四、实习实训

（一）准备

1. 材料

二叶一心期的黄瓜幼苗，40% 的乙烯利水剂。

2. 工具

量筒、烧杯、手持式喷雾器。

（二）步骤与内容

1. 配制溶液

自行计算 40% 乙烯利水剂和水的用量，用量筒、烧杯等工具，用 40% 的乙烯利水剂配制浓度为 130 ～ 150 毫克 / 升的乙烯利溶液。浓度过低诱导雌花发生的效果不明显；浓度过高会对黄瓜生长产生抑制作用，且雌花过多，消耗养分，反而会影响产量。

不同黄瓜品种对乙烯利浓度的反应也有差异。

有种植者在低温期进行黄瓜育苗时，针对节成性较差的黄瓜品种，依据经验，直接按每 1 毫升的 40% 乙烯利水剂兑水 4 ～ 5 升的方式，配制并使用乙烯利溶液。

乙烯利溶液的酸碱度尽量调成微酸，但 pH 过低，如调至 4，乙烯利溶液稳定性将变差。要随配随用，配好后不宜久放。

2. 喷乙烯利

晴天下午 16：00 后进行药剂处理，选二叶一心期黄瓜幼苗，把配制好的药液均匀喷在黄瓜幼苗叶片和生长点上，力求雾滴细微。7 天后再喷 1 次。喷药时，喷头扫过幼苗即可，不要重复喷雾。

处理后每天注意观察。如果乙烯利浓度高、用量大或间隔时间短，容易导致药害，受害的幼苗会在形态上表现异常（图 28.3）。将来还会导致黄瓜植株各节出现过量簇生雌花。

3. 后期管理

（1）疏花　经苗期乙烯利处理，定植后的黄瓜植株上会出现大量雌花，但植株的养分并不能保证所有雌花都能发育成商品瓜，而且，雌花过多且同时发育会相互竞争养分，有时能坐住的瓜反而更少。普通栽培实践中，一般掌握每节保留 1 个瓜，多余的雌花应尽早疏除，以免浪费养分（图 28.4）。

图 28.3　遭受乙烯利药害的黄瓜幼苗真叶上卷

图 28.4　疏花后植株结瓜状态

（2）水肥管理　经乙烯利处理的幼苗，在定植后的结瓜量普遍多于未经处理者，因此，要加强水肥管理，确保充足的水肥供应，让更多的瓜发育起来。

五、问题思考

1. 对乙烯利处理后的黄瓜幼苗进行管理，连续观察，并与未进行处理的幼苗进行对比，观察乙烯利处理对幼苗生长的影响，以及乙烯利的使用效果。

2. 分析适宜的乙烯利处理浓度受哪些因素影响。

3. 经过乙烯利处理的黄瓜幼苗，在定植后出现大量的雌花后，需要采取哪些针对性的栽培措施？

项目 29　番茄植株调整

一、学习目标

通过以番茄植株调整为例进行学习和实践，掌握茄果类蔬菜的整枝、搭架、绕蔓等操作技术。培养分析问题的能力和创新精神，树立正确的劳动观，端正劳动态度，培养精益求精的工匠精神，增强服务农业农村现代化、服务乡村全面振兴的使命感和责任感。

二、基本要求

（一）知识要求

1. *知识点*

理解番茄植株调整的作用，掌握番茄植株调整的方法和注意事项。

2. *名词术语*

理解下列名词或专业术语：半直立型、直立型；主干、侧枝、叶腋；有限生长型、无限生长型、合轴分枝；植株调整、整枝、打杈、摘心、落蔓、盘蔓、绑蔓；搭架、架式、吊架、支架、单杆架、人字架、三脚架、四脚架、吊绳、架杆；单干整枝、双干整枝、改良单干整枝。

（二）技能要求

能够对设施栽培的番茄进行各种植株调整操作。

三、背景知识

（一）番茄茎的特点

番茄茎的特点是进行植株调整的依据。

番茄茎基部木质化，植株多属半直立型，少数类型番茄为直立型。对于半直立型番茄植株需搭建支架或吊架辅助其向上直立生长。

番茄茎的侧枝萌发能力强，每个叶腋都能发生分枝，且能开花结果，容易导致营养浪费、田间郁闭，因此需要进行整枝。

按茎的顶芽生长习性，番茄可分为有限生长型、无限生长型。

在植物学上，番茄植株的分枝类型属于合轴分枝，也就是说，表面上看到的一条番茄主干，实际上是由多级分枝组合而成的。

（二）番茄植株调整的内容

1. 搭架

（1）吊架　吊架是设施番茄栽培中常用的一种架式，是在设施内悬吊柔软的吊绳让番茄主干沿着吊绳向上延伸。

这种架式的优点是：建造方便，遮光较轻，通过落蔓措施可以让番茄实现连续生长。

（2）支架　支架是指用硬质材料为番茄搭架，架式有多种，包括：单杆架、人字架、三脚架、四脚架、花架、棚架等。

①单杆架　在栽培行上每一株番茄基部外侧竖直插一根硬质架杆，例如竹竿或木杆，架杆上部相连以防倒伏，植株依附架杆向上生长。这种架式适合单干整枝方式。

②人字架　分别在两行番茄的植株外侧插架杆，两个相对的架杆为一组，顶端绑在一起，呈“人”字形，架杆顶部用横杆连成一体（图 29.1）。

③三脚架和四脚架　在植株基部外侧的土壤中插架杆，相邻的 3 根或 4 根为一组，顶部绑缚在一起，呈锥形，3 根架杆绑在一起者称作三脚架，4 根架杆绑在一起者称作四脚架。这种架式比较坚固，抗风能力强，适合生长期较短、摘心较早的露地栽培的番茄采用（图 29.2）。

2. 整枝

为控制植株营养生长，通过一定措施，人为地造成一定株型，以促进果实发育的方法称作整枝。整枝需要通过打杈、摘心等具体操作来实现。整枝方式依据品种特性、植株生长习性、栽培方式和目的确定。

（1）单干整枝　只保留番茄主干，把所有的侧枝摘除，留若干穗果后对植株主干顶部摘心，也可不摘心而不断落蔓，这种整枝方式称作单干整枝。

图 29.1　人字架

图 29.2　三脚架

单干整枝的优点是，虽然单株结果数会减少，但果形增大，早熟性好，前期产量高。

单干整枝适合日光温室、塑料大棚栽培的各茬番茄采用；适宜留果少的早熟、密植、无限生长型品种，也适合多穗留果、生长期长的温室越冬茬无限生长型番茄品种（图 29.3）。

（2）双干整枝　除保留主干外，再保留第一花序下面长出的第一侧枝，而把其他侧枝全部摘除，让选留的侧枝和主干同时生长，形成形态差异不大的两条干，两条干上再长出的侧枝陆续全部摘除，这种整枝方式称作双干整枝（图 29.4）。

双干整枝的优点是，可以增加单株结果数，提高单株产量。缺点是，早期产量以及单果重量均不及单干整枝。双干整枝适合露地栽培的中晚熟番茄品种采用。

（3）改良单干整枝　改良单干整枝指，除主干外，保留第一花序下方的第一侧枝，在这条侧枝上留一穗果，果穗以上留两片叶后摘心，植株上的其余侧枝全部摘除。

采用改良单干整枝方式，植株发育好，叶面积大，坐果率高，果实发育快，单果体积大，前期产量比单干整枝高（图 29.5）。

3. 摘除

（1）打杈　在植株具有足够的功能叶时，依据预定整枝形式要求，摘除多余侧枝，称作打杈。通过打杈可以形成预定的株型，改善田间通风透光条件，促进果实发育。

（2）摘心　当植株长到一定高度，结果穗数达到预定要求，或栽培期即将结束时，将植株顶端生长点摘除，称作摘心，俗称“打顶”。整枝时，摘除侧枝的生长点也可以称作摘心。

图 29.3 单干整枝

图 29.4 双干整枝

图 29.5 改良单干整枝

摘心可以控制植株营养生长，减少养分在茎叶上的消耗；使养分集中输送到果实，促进果实发育和提早成熟；在某些情况下，还可以通过摘心促使植株发生侧枝。

摘心时期根据植株生长势、栽培季节而定，如植株生长健旺可适当延迟摘心，而植株生长势较弱则可提早摘心。

（3）摘叶　摘叶指摘除植株下部接近地面的老叶，以及病叶、黄叶，通常在结果的中后期进行。

之所以摘叶，是因为：随着植株生长，下部叶片逐渐老化，且处于弱光环境下，光合能力降低，消耗量增加；老叶还导致田间通风透光性变差；老叶与土壤接近，而土壤中存在多种病菌，容易引发病害。因此，摘叶有利于改善通风透光条件，减少养分消耗，促进植株生长和发育，减轻病害发生概率，延缓病害蔓延速度（图 29.6、图 29.7）。

图 29.6 番茄摘叶

图 29.7 摘叶后番茄田间状态

4. 疏花疏果

（1）疏花　把没有结果价值的特小的花、晚开的花、过多的花、畸形的花及时摘除称作疏花。

（2）疏果　在植株坐果后，把没有保留价值的过小果、畸形果、裂果、病果等摘除的操作称作疏果。通过疏果，选留健康的、果形正常的、发育良好的幼果保留，可以节约养分，保证正常果实生长。疏果的适宜时间是在果实长到一定大小、能分辨出果实形状时，且宜早不宜迟。

（三）整理

1. 绑蔓

在采用支架或吊架架式时，将番茄的茎绑缚在架杆或吊绳上，称作绑蔓，也称缚蔓。

2. 吊蔓

当番茄植株长到一定高度，开始建吊架，让番茄的主干开始沿吊绳生长，称作吊蔓。

3. 绕蔓

绕蔓也称作缠蔓，指在吊蔓后的生长期间，分多次将番茄的茎缠绕到吊绳上，让茎依附吊绳攀缘生长。

4. 落蔓

采用吊架架式栽培时，当植株顶端接近设施覆盖物时，摘除植株下部老叶，放松吊绳，让番茄茎下落，使地面以上的主干始终保持适宜高度，这种操作称作落蔓。落蔓能为番茄提供持续生长空间，也能抑制植株长势，促进坐果。

5. 盘蔓

落蔓后，可以将植株的茎盘曲在地面上，这一操作称作盘蔓（图 29.8）。也可不盘蔓，把下部茎蔓平放在栽培行上（图 29.9）。

图 29.8　番茄盘蔓

图 29.9　落蔓后下部的茎呈平铺状

四、实习实训

（一）准备

1. 材料

番茄植株，以日光温室、塑料大棚、现代大型温室中的番茄植株为好；胶丝绳、铁丝、竹竿、绑蔓夹等。

2. 工具

剪枝钳、绑蔓器、紧线器等。

（二）步骤与内容

（1）设置吊架　用胶丝绳作为吊绳，在每个栽培畦上方沿栽培畦走向拉一道铁丝，南端绑在日光温室拉杆或拱架上。为坚固起见，最好埋设立柱，在立柱上东西向拉一道铁丝。在温室北部东西方向拉一道铁丝，栽培行上的铁丝北端可绑在这道铁丝上（图 29.10）。在栽培行之上的铁丝上绑吊绳，每株番茄一根。吊绳下端可绑在番茄茎基部，也可在畦面沿行向设置一道拉线，将吊绳绑于其上（图 29.11）。

图 29.10　固定上部铁丝

图 29.11　底部固定绳

（2）搭建支架

①搭建单杆架　选择竹竿或木杆，长度依据番茄植株高度而定，无限生长型番茄且栽培期较长者支架要高些。把架杆垂直插在每株番茄基部外侧，顶部用铁丝或绳连接以防倒伏。

②搭建人字架　选双高垄或平畦双行的栽培番茄，分别在两行植株外侧插架杆，两根架杆为一组，顶端绑在一起，呈“人”字形，顶部用一根平直的横杆将各人字支架连接成一体。

③搭建三脚架和四脚架　选双高垄或平畦双行栽培的番茄植株，把架杆插在植株基部外侧的土壤中，相邻的3根或4根为一组，顶部绑缚在一起，呈锥形。

（三）摘除

1. 打杈

按预定整枝方式进行打杈。

通常在侧枝长度达15厘米以上时摘除。打杈过早，会影响根系发育，抑制植株生长；打杈过晚则消耗养分，影响坐果及果实发育。

打杈应在晴天上午或中午前后进行，此时打杈有利于伤口愈合，也能减少病菌侵染。打杈时，如发现田间有感染病毒的植株，应按“先健后病”的原则，先进行无病株打杈，后进行病株打杈，并对手和工具用75%的酒精溶液消毒。

2. 摘心

在顶端花序以上留1～2片叶，摘除生长点。

3. 摘叶

摘除下部老叶、病叶、黄叶，使植株最下部的叶片距离地面约20厘米。摘叶时应尽量在靠近茎部切断叶片，不要留过长叶柄，果穗上的叶片不可摘除，以保证上层果实发育。

（四）整理

1. 吊蔓

当番茄植株高度达30厘米时，开始建造吊架，进行吊蔓。将吊绳下端固定在番茄主干下部，把番茄主干缠绕在吊绳上，使其沿吊绳向上生长。

2. 绕蔓

一只手捏住吊绳，另一只手捏住番茄茎，按顺时针方向将其缠绕到吊绳上，使其沿吊绳向上直立生长。

3. 绑蔓

植株上每结一穗果，在果穗下方绑蔓1次。可以采用“8”字形绑蔓法，或者借助工具绑蔓（图29.12、图29.13）。

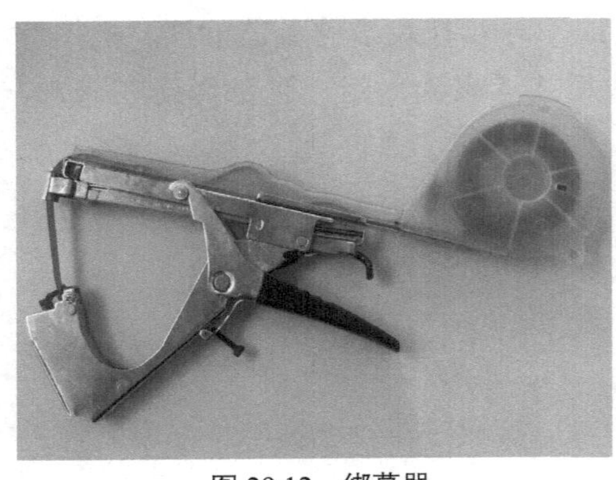

图 29.12　绑蔓器

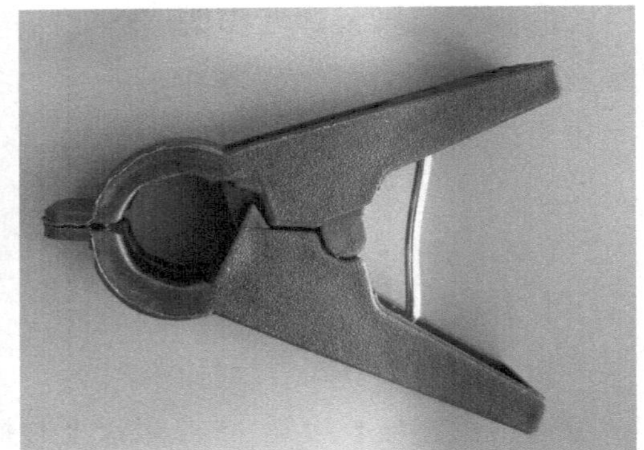

图 29.13　绑蔓夹

4. 落蔓

在植株下部果实采收后，摘除底部老叶，然后落蔓。先将绑在植株茎基部的吊绳解开，让吊绳呈松弛状态，一只手扶住番茄的茎，另一只手从植株顶端位置向上提拉吊绳，然后再把吊绳下端绑在茎临近地面的位置。通过落蔓将生长点位置降低到适宜高度。操作时注意不要折断茎。

五、问题思考

1. 分析针对露地、塑料大棚、日光温室等不同栽培场所以及栽培目标，如何选择番茄或其他茄果类蔬菜的适宜整枝方式。

2. 为什么摘心时顶部一穗果实之上要保留少量叶片？

项目30　果菜类蔬菜保花保果

一、学习目标

理解果菜类蔬菜保花保果原理，掌握保花保果类药剂的使用技术，认识植物生长调节剂在蔬菜生产中的重要作用。培养分析问题的能力和创新精神，树立正确的劳动观，端正劳动态度，培养精益求精的工匠精神，增强服务农业农村现代化、服务乡村全面振兴的使命感和责任感。

二、基本要求

（一）知识要求

1. *知识点*

理解应用植物生长调节剂对部分果菜类蔬菜进行处理来达到保花保果目的的原理。了解2，4-D、防落素、CPPU等保花保果药剂的特点，掌握保花保果药剂处理的基本要求。

2. *名词术语*

理解下列名词或专业术语：植物生长调节剂、保花保果；自花授粉、花粉、花粉活力、落花落果、单性结实、化瓜；无公害蔬菜、有机蔬菜、绿色食品蔬菜；乙烯利、赤霉素、植物细胞分裂素、芸苔素内酯、PCPA（防落素）、CPPU（苯脲型细胞分裂素）；喷洒法、浸蘸法、涂抹法。

（二）技能要求

能够准确配制保花保果药剂溶液，能够用喷洒法、浸蘸法和涂抹法处理茄果类蔬菜花序。能够对黄瓜、番茄等果菜类蔬菜进行保果处理。

三、背景知识

（一）植物生长调节剂处理的必要性

应用植物生长调节剂对部分果菜类蔬菜进行处理，以达到保花保果的目的，是蔬菜栽培的重要技术措施。

茄果类蔬菜，如番茄，其授粉方式属于自花授粉，天然杂交率很低，露地栽培时，正常条件下不需进行植物生长调节剂处理。但在低温季节进行设施栽培时，由于气温低，光照弱，植株长势弱，花粉发育不良，花粉活力低，授粉受精不良，果实内不能形成足够的种子，而种子的作用之一是分泌生长素，征调养分前往果实，使果实发育、膨大。因此，低温季节番茄植株往往会出现落花落果现象。

瓜类蔬菜中的黄瓜，具有较强的单性结实能力，虽然不需要授粉形成种子促进坐瓜，但在恶劣环境下，容易出现化瓜现象，因此，也有必要使用植物生长调节剂辅助其坐瓜。

生产有机蔬菜（中国有机产品、中国有机转换产品、有机食品）或绿色蔬菜（AA 级绿色食品），不可进行植物生长调节剂处理。

（二）保花保果药剂

1. 提高瓜类蔬菜坐瓜率的药剂

以黄瓜为例，喷乙烯利的作用是让植株出现大量雌花，但要让出现的雌花坐住，还需要采取很多措施，使用某些植物生长调节剂喷花或浸蘸雌花子房就是保证坐瓜、连续刺激果实生长、防止化瓜的主要措施。

常用的植物生长调节剂有 6-BA（植物细胞分裂素）、GA（赤霉素）、BR（芸薹素内脂）、PCPA（防落素，对氯苯氧乙酸）、CPPU [苯脲型细胞分裂素，N-（2-氯 -4- 吡啶基）-N′- 苯基脲] 等。BR 的处理浓度是 0.01 毫克 / 升，PCPA 的处理浓度是 100 毫克 / 升，CPPU 的处理浓度是 5 ～ 10 毫克 / 升。

除单独使用外，还可以按一定的配方，将几种植物生长调节剂混合后使用，例如 100 毫克 / 升的 PCPA ＋ 25 毫克 / 升的 GA；500 ～ 1 000 毫克 / 升的 6-BA ＋ 100 ～ 500 毫克 / 升的 GA，效果更好。

2. 提高茄果类蔬菜坐果率的药剂

（1）2，4-D　化学名称为 2，4- 二氯苯氧乙酸，别名 2，4 滴。该药在低浓度时能刺激植物生长，防止落花，在高浓度时则抑制生长，常用作麦田除草剂。该药在过去曾被广泛使用，保花保果效果好，但极易产生药害。由于该药的致畸作用，根据《中华人民共和国食品安全法》《农药管理条例》，我国自2018年10月1日起已禁用此药。

（2）防落素　化学名称为对氯苯氧乙酸，别名番茄灵，是2，4-D的替代品。纯品为白色结晶，略带刺激性臭味，微溶于水，易溶于乙醇，性质稳定。与2，4-D相比，防落素处理后产生的畸形果较少。

四、实习实训

（一）准备

1. 材料

开花坐果期或结果期番茄植株，黄瓜结果期植株；防落素、苯脲型细胞分裂素；红墨水或其他指示剂。

2. 工具

小型手持式喷雾器。

（二）步骤与内容

1. 番茄保花保果

（1）配制药剂　配制浓度为20～50毫克/升（以25～30毫克/升最常用）的防落素溶液，低温下浓度宜高，高温下浓度宜低。在配制好的药液中加入红墨水、水彩颜料或其他指示剂，以便在被处理过的花上留下标记，避免对同一朵花进行重复处理。

（2）选择花序　开放前1天至开放后1天的花均适合被处理。如果花蕾过小，耐药性较差，容易被烧伤，将来也容易形成僵果；如果处理时间过晚，在花已开放多时处理，则保花效果不理想，还容易形成裂果。

同一花序上的花不可能同时开放，因此，对于大果型番茄，如果采用喷洒法或浸蘸法处理，通常选择在一个花序上有2～3朵花开放时进行；如果采用涂抹法，可以分多次进行，每次处理都选择刚刚开放的花。

（3）处理时间　选晴天处理。一天之中，应在上午8：00—10：00进行药剂处理。如果温度较低，开放的花少，可每隔2～3天处理1次，如温度较高开放的花多，可每隔1天或每天处理1次。

（4）处理

①涂抹法　用毛笔蘸少量药液，在花梗的弯曲处轻轻涂抹一下，要一朵一朵地涂抹（图 30.1）。

②浸蘸法　用杯子之类容器盛药液，用手将花序轻轻摁入药液中，让整个花序上的花都均匀地蘸上药液（图 30.2）。

图 30.1　涂抹法

图 30.2　浸蘸法

③喷洒法　左手托起番茄待处理花序（药剂具有轻度腐蚀性，建议戴塑料手套或橡胶手套），用食指、中指夹住花序基部，右手持喷雾器喷花（图 30.3）。因药液中掺有指示剂，喷花后花瓣上会带有明显的颜色，表示已经被处理过。喷花时注意观察花上是否有指示剂，避免重复喷花（图 30.4）。

图 30.3　喷洒法

图 30.4　用指示剂避免重复处理

2. 黄瓜保果

（1）配制药液　按预定浓度配制药液。苯脲型细胞分裂素适宜的浓度是 5 ～ 10 毫克 / 升，芸苔素内酯浓度是 0.01 毫克 / 升，防落素浓度是 100 毫克 / 升。

（2）处理时间　在阴天或晴天早晚无露水时处理，避免强光时段或中午高温时用药，药剂应即配即用。

（3）选择雌花　选刚开放或将在 2 ～ 3 天后开放的黄瓜雌花。

（4）浸蘸雌花　用兑好的药液浸雌花，要确保雌花的花冠和子房全部被药液浸泡，浸泡时间 3 ～ 4 秒。雌花受药一定要均匀，最好一株黄瓜每次只浸蘸 1 朵雌花。如果在未开花时浸泡，花冠将会在子房上保持较长时间，形成“顶花带刺”的效果。浸蘸后用手指轻轻弹一下子房，把子房上多余的药液弹掉，否则子房表面局部区域着药量大，容易形成“大花头”，后期形成“大肚瓜”。

五、问题思考

1. 查阅植物生长调节剂相关资料，并思考植物生长调节剂保花保果作用的机理。

2. 查阅资料，探讨无公害蔬菜（无公害农产品）、绿色蔬菜、有机蔬菜生产，与用植物生长调节剂处理措施来保花保果的关系，如果生产中不能使用植物生长调节剂处理，还有哪些措施可以起到保花保果的作用？

项目31　豌豆苗生产

一、学习目标

掌握与芽苗菜相关的名词或专业术语，理解芽苗菜生产原理，掌握豌豆苗的生产技术，从而为生产其他的芽苗菜奠定基础。培养分析问题的能力和创新精神，树立正确的劳动观，端正劳动态度，培养精益求精的工匠精神，增强服务农业农村现代化、服务乡村全面振兴的使命感和责任感。

二、基本要求

（一）知识要求

1. 知识点

了解豌豆苗生产的基本流程，掌握豌豆苗生产过程中的关键技术环节和指标。

2. 名词术语

理解下列名词或专业术语：豌豆苗、芽苗类蔬菜、种芽菜、体芽菜；栽培架、平底育苗盘；叠盘催芽、倒盘、出盘。

（二）技能要求

能够正确选择豌豆品种及生产材料，能够根据流程进行豌豆苗生产。

三、背景知识

（一）芽苗菜的概念

凡是利用植物种子或其他营养贮藏器官在黑暗、弱光、自然光条件下，直接生长出的可供食用的芽苗、芽球、嫩芽、幼茎或幼梢等产品，均可被称为芽苗菜，简称芽菜。

（二）芽苗菜的分类

依据芽苗菜生长所利用的营养来源，可将芽苗菜分为种芽菜和体芽菜两类。

1. 种芽菜

种芽菜又称籽芽菜，指利用种子中贮藏的养分，直接培育成的幼嫩的芽苗。多在子叶展开、真叶露心时采收。

常见的种芽菜有：黄豆芽、红小豆苗、绿豆芽、蚕豆芽、豌豆苗、芥菜芽、萝卜芽、芜菁芽、芥蓝芽、蕹菜芽、荞麦芽、苜蓿芽等。

2. 体芽菜

体芽菜指一些依靠营养器官进行繁殖的二年生或多年生植物，利用其宿根、肉质根、根状茎或枝条中积累的养分，长出的芽球、嫩芽、幼茎或幼梢。

按可利用器官不同，芽苗菜又可细分为下列几类：其一，用宿根培育出的嫩芽或嫩梢，如苦荬菜、苣荬菜、蒲公英、菊花脑、马兰等；其二，由地下根状茎培育成的可供食的嫩茎，包括石刁柏、竹笋、蒲菜、姜芽等；其三，由肉质根在遮光、黑暗条件下直接培育成的芽球，如菊苣芽球；其四，由植株或枝条培育成的嫩芽，如花椒芽、树芽香椿，以及幼梢，如豌豆尖、辣椒尖、佛手瓜尖等。

四、实习实训

（一）准备

1. 材料

（1）豌豆种子　可以选用青豌豆、麻豌豆、小荚荷兰豆、花豌豆、灰豌豆、褐豌豆等，要求种子纯度高、发芽率高。

（2）纸　用纸作为豌豆苗栽培基质。

2. 工具

麻袋片、黑布、遮阳网、手持式喷雾器以及各种浸种容器。

3. 设施设备

（1）平底塑料育苗盘　平底塑料育苗盘适宜的规格为外径长 60 厘米、宽 25 厘米，外高 5 厘米；底部有透气孔；底部外侧有拉筋，以保证底部平整，不扭曲，不翘起。

（2）栽培架　栽培架应由角铁或方木等材料制成，尺寸以便于放置苗盘为宜，层与层之间的距离不得小于 40 厘米，在栽培架上放置多层苗盘进行立体栽培。

（3）遮光设施　覆盖遮阳网的温室，或在温室内部准备能覆盖遮阳网的小空间。

（二）步骤与内容

1. 种子处理

（1）清选　播种前，用镊子以人工的方式剔除丧失发芽能力的种子，包括虫蛀、残破、畸形、发霉、腐烂的种子，以及秕籽、特小粒和已经发过芽的种子，同时剔除各种杂草种子、石子、土块等杂质。

（2）淘洗　用清水将经清选的种子淘洗 2 ～ 3 次，去除漂浮的草籽、发育不成熟的种子、作物残体、泥土等。

（3）浸种　用种子体积 2 ～ 3 倍的水浸种 24 小时，冬季浸种时间可适当延长，浸种过程中换水 1 ～ 2 次（图 31.1）。

（4）再次淘洗　浸种后淘洗种子 2 ～ 3 遍，轻轻揉搓，冲洗，漂洗掉附着在种皮上的黏液以及其他渗出物，注意不要损坏种皮，之后沥干多余的水分。

图 31.1　浸种

图 31.2　苗盘底部铺纸

2. 播种

将平底塑料育苗盘用清水冲洗干净，之前使用过的苗盘要用混有洗涤剂的水刷洗，再用清水冲洗干净。

在苗盘底部铺一层纸（图 31.2）。每盘放入豌豆种子 300 ～ 500 克（按干种计量），轻轻摇动苗盘，使种子平铺在盘底，播种后苗盘底部刚好有一层或一层半种子。播种过多容易腐烂；播种过少，芽苗稀疏，不利于保湿（图 31.3）。

播种的同时，可以对种子进行再次清选，剔除之前漏掉的成熟度较低的、颜色过浅的种子（图 31.4）。

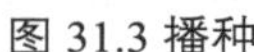

图 31.3 播种

图 31.4 种子清选

3. 叠盘催芽

将苗盘上下叠放，保湿、保温、避光，这种促进种子发芽的一系列操作，称作叠盘催芽。

（1）叠盘操作　播种完毕，在设施内光线较暗的位置，将苗盘叠摞在一起，每摞苗盘上面再盖 1 个铺有纸的空盘来遮光保湿。苗盘叠摞的高度不可超过 1 米，如果苗盘多，每摞之间要间隔 2 ～ 3 厘米，以免过分郁闭、通气不良而造成出苗不整齐。为保湿，每摞苗盘的最上面还可覆盖 1 层湿麻袋片、黑布或双层遮阳网保湿（图 31.5）。

图 31.5　叠盘催芽

图 31.6　播种 1 天后种子发芽

（2）叠盘催芽期间的管理

①温度调控　催芽期间的适宜温度范围为 20 ～ 25℃，最低不应低于

16℃，在适宜环境中种子会迅速发芽（图 31.6）。

②剔除烂种　每天揭开覆盖物，从每摞苗盘上部依次取盘，逐盘检查，用镊子将烂种一一捡出。注意只捡烂种，不要翻动正常发芽的种子，因为种子长出的胚根向下生长，如果翻动，胚根朝上，有可能因吸收不到水分而干枯（图 31.7）。

③喷水　用手持式喷雾器向豌豆种子表面喷清水，水量不要过大，以种子表面湿润但苗盘不滴水为宜，避免引发烂种。喷水应该在每天上午 10：00 前后进行，因为中午温度高、光照强，如果未能及时补充水分，种子可能在中午因缺水而干枯。在高温季节，每天要喷 2 次水（图 31.8）。

④倒盘　将已经剔除烂种、喷过水的苗盘水平旋转 180°，从而实现苗盘前后、左右方向对调，然后将苗盘另起一摞重新放好，实现不同苗盘上下位置调换，这一系列操作称作倒盘。通过每天倒盘可以使不同苗盘所处栽培环境尽量均匀，确保芽苗生长整齐一致。

图 31.7　剔除烂种

图 31.8　喷水

4. 出盘

（1）出盘标准　出盘时期宜晚不宜早，出盘过早会提高出盘后的管理难度，豌豆苗生长难以整齐一致。通常经过 4～7 天叠盘催芽，豌豆苗高约 3～4 厘米，幼苗顶端已经顶到了上层苗盘的底部，再不出盘，芽苗就只能弯曲生长，此时为出盘适宜时期（图 31.9）。

（2）出盘操作　观察豌豆苗生长状态，达到出盘标准后，将叠放在一起的苗盘分开，分层放置在栽培架上，使其见光生长。刚出盘的苗盘应放在设施内光照较弱的位置，或用遮阳网等材料进行遮光，以不见直射光为宜（图 31.10）。

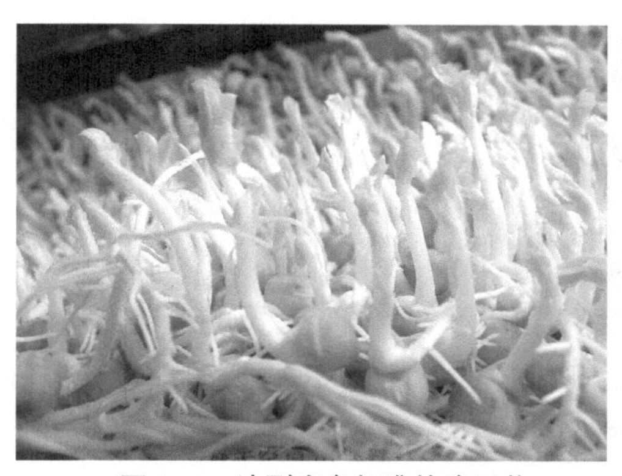

图 31.9　达到出盘标准的豌豆苗

图 31.10　出盘后状态

5. 出盘后的管理

（1）光照调控

①遮光　光照调控的总原则是尽量避免强光，尤其是出盘初期，更要给予弱光。如果有直射光，应覆盖透光率较低的黑色遮阳网遮光（图 31.11）。光照过强，除会导致芽苗纤维含量提高、品质降低外，还会加速苗盘内的水分蒸发，如喷水不及时，豌豆苗会干枯而死，而且，强光还会抑制豌豆苗增高。

②倒盘　为使豌豆苗受光均匀，每天要倒盘 1 次，变换苗盘位置。依次将位于栽培架上部的苗盘搬起，水平旋转 180° 调换前后位置，移至栽培架下部位置，再重新放好（图 31.12）。而位于下部的苗盘要移到栽培架上部。

图 31.11　出盘后遮光

图 31.12　出盘后每天倒盘

（2）温度调控　出盘后的豌豆苗的适宜温度范围比叠盘催芽期间宽松，但白天温度不应高于 25℃，夜间不应低于 16℃。如果温度过低，个别种子容易腐烂，严重时成片腐烂。

（3）湿度调控　在确保温度达到要求的前提下，栽培设施应适当通风降低空气温度，减少烂籽，每天应通风 1 ～ 2 次，即使在低温季节，也要进行“片刻通风”。

苗盘里铺的仅仅是 1 ～ 2 层纸，持水能力差，而且豌豆苗产品要求鲜嫩多汁，因此，在生产过程中必须频繁喷水，遵照“少量多次”原则，冬天每天喷淋 1 次水，温度低甚至可以隔天喷 1 次，夏季每天喷淋 2 ～ 3 次水（图 31.13）。

喷水要均匀，先喷上层苗盘，后喷下层苗盘。喷水量掌握的标准是，在喷后苗盘内纸张湿润，苗盘底部有水滴，但滴落时，水滴不连成线状，倾斜苗盘也没有大量的水流出。生长前期喷水量要少，生长中、后期应多喷。

6. 采收

豌豆苗生长期短，采收要及时，采收过早产量低，采收过晚品质差。一般当豌豆苗长至 5 厘米高时就可以开始采收，长至苗高约 15 厘米时，顶部小叶已经展开仍可采收，但只切割梢部 7 ～ 9 厘米（图 31.14）。每盘可产 350 ～ 500 克。豌豆苗生长期为 10 ～ 20 天。

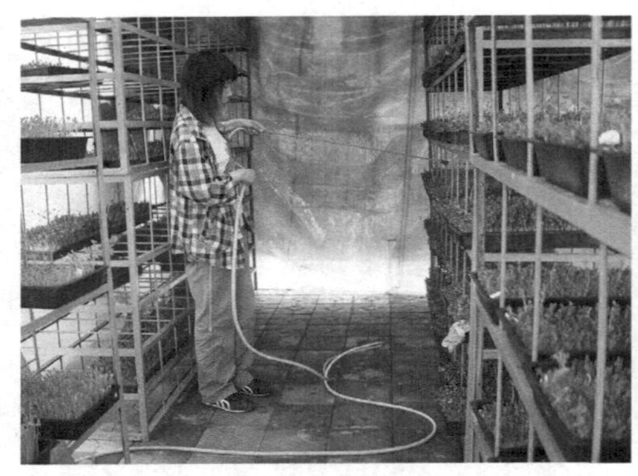

图 31.13　喷水

图 31.14　达到采收标准的豌豆苗

五、问题思考

1. 叠盘催芽期间需要进行哪些管理？
2. 完成叠盘催芽的豌豆苗在出盘后如何管理？

项目 32　日光温室光温环境调控

一、学习目标

通过学习与实践，掌握日光温室光温环境的主要调控技术，进而能自行根据蔬菜种类、设施特点、栽培季节、栽培目标等因素，灵活地、因地制宜地进行设施光温环境调控。培养分析问题的能力和创新精神，树立正确的劳动观，端正劳动态度，培养精益求精的工匠精神，增强服务农业农村现代化、服务乡村全面振兴的使命感和责任感。

二、基本要求

（一）知识要求

1. 知识点

理解日光温室光温环境调控的必要性，了解光温调控的主要内容和关键技术。

2. 名词术语

理解下列名词或专业术语：光照强度、透明覆盖物、透光率、光照长度、光照时数、光照分布、不透明覆盖物、反光膜、水平分布、垂直分布、波长、频率、光质、遮光、补光；日光温室方位角、半地下式温室、保温、增温、降温、通风、保温幕、多层覆盖、红外灯、热风机。

（二）技能要求

能够进行育苗温室内小拱棚搭建和薄膜覆盖操作，能够为日光温室覆盖二层幕，能够进行日光温室前屋面薄膜擦洗操作，能够为温室后墙悬吊反光膜，能够进行温室通风口开闭操作。

三、背景知识

（一）日光温室光照环境特点及调控

阳光是日光温室的最主要光源，是蔬菜光合作用的能量来源，同时阳光也是日光温室的热源，因此光照环境对日光温室中蔬菜生长至关重要。

1. 日光温室光照环境特点

受到温室方位、结构，前屋面面积、形状，透明覆盖材料的特性及洁净程度等多种因素的影响，日光温室内的光照环境表现为光照强度低于外界，空间分布不均，前强后弱、上强下弱。

（1）光照强度　日光温室内的光照强度比外界自然光低，这是因为自然光透过前屋面的透明覆盖材料（塑料薄膜）进入温室过程中，会被透明覆盖材料吸收、反射掉一部分。透光率受材料本身材质、附着物（如尘土）、前屋面形状的影响。

同时，由于前屋面形状，以及墙体、拱架、立柱、蔬菜植株的遮光作用，使日光温室内的光照强度空间分布并不均匀，水平分布呈现南部强、中间次之、北部最弱的特点；垂直分布上呈上强下弱的特点。

（2）光照长度　日光温室内的光照长度指的是光照时数，即受光时间的长短。日光温室内的光照长度比露地短，这是因为，在寒冷季节为了保温需要晚揭早盖保温被、草苫等不透明覆盖物。

（3）光质　光质指光的构成，即不同波长或频率的光所占比例。光质影响蔬菜的着色和品质。受透明覆盖材料性质、成分、颜色等影响，日光温室内光质与露地不同。

2. 日光温室光照环境的调控措施

光照调控的原则是根据所栽培蔬菜对光照条件的要求，使光照充足而且分布均匀。

（1）改进温室结构　日光温室的基本要求是：温室外的前方及两侧无遮光物；温室方位角合理；温室跨度、温室高度、后屋面仰角、后屋面长度、后墙高度等参数在兼顾保温的同时应重点保障光照充足；前屋面形状要合理；合理选用遮光少的结构材料；选用透光率高的透明覆盖材料。

（2）加强温室管理　保持前屋面清洁，经常清除灰尘，适时放风减少结露；在保温前提下，早揭晚盖不透明覆盖物，延长光照时间；适当稀植；及时进行植株调整；张挂反光膜，提高温室北部光强。

（3）人工补光　低温季节连续阴天时，采用人工补光措施。

（4）遮光　日光温室的遮光措施仅在缓苗、嫁接、越夏栽培等特殊情况下采用，具体方式是覆盖各种透光率较低的遮光物，如遮阳网、纱网、防虫网、无纺布、废旧薄膜、苇帘、竹帘等。遮光的同时可以降低温度。

（二）日光温室温度环境特点及调控

温度是影响蔬菜生长发育最重要的环境因素，影响着蔬菜体内各种生理活动。

1. 日光温室温度环境特点

（1）气温特点　日光温室气温随着太阳的升降而变化，晴天上午揭开不透明覆盖物后，气温会短暂下降，然后便急剧上升，如果不通风，会在 13：00 前后达到最高，之后温度逐渐降低，日落前时段下降比较快。覆盖不透明覆盖物后，温度会短暂回升，然后缓慢下降，直至次日黎明降到最低。

（2）地温特点　地温垂直变化表现为，在晴朗的白天上高下低，夜间或阴天为下高上低。地温升降主要在 0 ～ 20 厘米的土层内表现明显。水平方向上的地温变化表现为，在温室的进口处和温室的前部变化梯度最大。

（3）地温与气温的关系　日光温室气温、地温的变化趋势一致，地温变化略滞后于气温。空气主要是靠土地长波辐射增温。晴天白天，在温室不放风或放风量不大的情况下，田间蔬菜封垄时，气温通常比地温高。夜间，一般都是地温高于气温。早晨揭开不透明覆盖物前是温室一日之中地温和气温最低的时间。

2. 日光温室温度环境的调控措施

温度调控目标是维持适宜于蔬菜生长发育的设定温度，温度的空间分布均匀。调控措施包括保温、增温（加温）和降温 3 个方面。

（1）保温　减少通风换气量；多层覆盖保温，如在日光温室内加活动式的保温幕（二层幕）；把日光温室建成半地下式或适当降低温室的高度；覆盖地膜栽培；秋季早覆盖日光温室塑料薄膜；设置防寒沟，减少横向热量传导；浇经过在温室内预热的水，不在阴天或夜间浇水；增施有机肥，有机肥分解过程中会释放热量，对维持较高地温有利。

（2）增温　随着日光温室设计和建造技术的提高，目前至少在北纬 41° 以南地区，要建造在严冬季节不用加温而能生产喜温蔬菜的日光温室是完全可以做到的，这些温室的最低温度都在 8℃以上，因此日光温室平时不需要加温。

但是遇到极冷年份，或连续阴天，或寒流等不利气候条件，确有必要时，也可以采取临时加温措施。加温方法主要有：炉灶煤火加温、锅炉水暖加温、地热水暖加温、热水或蒸汽转换成热风加温、热风炉加温等。

（3）降温　最简单直接的降温措施是通风，但在温度过高，依靠自然通风不能降至蔬菜要求温度时，可采用遮阳网遮光、风机水帘、屋面流水、喷雾等方法降温。

四、实习实训

（一）准备

1. 场地

校内实习实训基地、校外实践教学基地、学校周边设施蔬菜种植区，要求拥有功能完备的日光温室。

2. 材料

红外灯、反光膜、宽幅地膜、聚氯乙烯无滴膜。

3. 工具

薄膜擦洗工具。

4. 安排

在校内外基地或设施蔬菜种植区进行考察；在校内实习实训基地进行日光温室光温环境调控实践。建议根据农事季节灵活安排时间，分散进行。具体操作时可参考本项目中的图片并结合自身条件灵活进行。

（二）步骤与内容

1. 观察

在教师带领下，到校内实习实训基地、校外实践教学基地或周边设施蔬菜种植区，观察日光温室光温调控设施设备，学习调控技术。

记录调控类型、调控方式、调控参数，尤其注意记录具有当地特色的、新颖的、实用的调控技术。观察调控效果，理解调控原理。

观察光温感应、自动控制、机械运行装置，了解其运行过程，学习操控技术。

2. 温度调控

在校内实习实训基地进行。

（1）设定调控指标　根据蔬菜类别、蔬菜品种、蔬菜生长发育时期设定温度调控指标。

例如，对于日光温室瓜类蔬菜，在结果期，其温度调控指标及流程可以设定为：上午温度控制在 28 ～ 30℃，达到 32℃时开始通风；下午适时关闭通风口，温度控制在 20 ～ 22℃，日落前当温度降至 20℃时放下草苫、保温被等不透明覆盖物；前半夜温度控制在 15 ～ 18℃，后半夜控制在 11 ～ 13℃，确保清晨最低温度不低于 8℃。

再如，对于日光温室茄果类蔬菜，在结果期，其温度调控指标及流程可以设定为：白天控制在 25 ～ 26℃，前半夜 15℃以上，后半夜 10 ～ 13℃，保持室内最低温度不低于 8℃，偶尔短时间 6 ～ 8℃植株也可以忍受。

（2）温度调控操作

①灯光增温　在日光温室后墙内侧，或前屋面中部下方，每隔 5 ～ 7 米安装 1 盏 200 ～ 250 瓦的红外灯，在低温时段进行临时增温，同时还能起到补光作用，并能减轻叶面结露，预防病害发生（图 32.1、图 32.2）。

具体安装操作需要具备电工职业资格的专业人员完成。学生应在教师指导下记录重要参数，如：红外灯规格、所用电线规格、安装间隔距离、安装高度等，并观察增温效果。

图 32.1　红外灯

图 32.2　利用红外灯加温

②多层覆盖保温　在苗床上搭建小拱棚，如果温度仍然偏低，可以在小拱棚上覆盖草苫。

在蔬菜生长期间，可以在温室内侧，前屋面薄膜下方，拉铁丝，其上铺薄膜，进行多层覆盖，提高温度（图 32.3、图 32.4）。

图 32.3　苗床上搭建拱棚

图 32.4　蔬菜生长期间的二层覆盖

③通风降温　日光温室通常设置两道通风口，一道在温室顶部位置称作上通风口，另一道在温室前屋面接近地面位置称作下通风口（图 32.5、图 32.6、图 32.7）。也有个别地区种植越冬茬果菜的日光温室从保温、减慢降温速度、缩小降温幅度、排湿等方面考虑，将上通风口替换为“拔风筒”，不设置下通风口，在严冬季节只依靠温室顶部“拔风筒”通风，栽培后期温度过高时直接揭开温室前沿薄膜通风（图 32.8）。

每天根据所栽培蔬菜对温度的要求，通风降温，降温幅度通过控制通风口开口大小和开闭时间实现。

图 32.5　日光温室的上通风口和下通风口

图 32.6　日光温室上通风口外观

大幅度降温的情况下，例如，在日光温室秋冬茬蔬菜定植初期、越冬茬蔬菜栽培后期、冬春茬蔬菜栽培后期，外界气温高，温室内外温差较小，需要大幅度通风，避免温室温度过高，此时可以从温室前沿底部揭开前屋面薄膜，同时打开上通风口，进行大幅度通风。

一般幅度降温时，例如秋冬茬果菜栽培中期、冬春茬果菜栽培中期、越冬茬果菜栽培早期，可以同时打开上通风口和下通风口，利用空气对流通风。

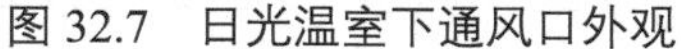
图 32.7 日光温室下通风口外观

图 32.8 安装拔风筒的日光温室

仅小幅度降温时，比如在低温季节，通风量小，则主要以顶部风口通风为主，甚至可以不打开下通风口，有些种植越冬茬果菜的日光温室，在严冬季节只依靠温室顶部“拔风筒”通风。

具体控制通风口开闭的方式有多种。传统的方式是直接人工“扒缝”通风（图 32.9）；对于上通风口，可以用滑轮、绳索制作简易装置，通过人工拉绳的方式控制开闭（图 32.10）；对于下通风口，可以使用手动卷膜器通风（图 32.11）；比较先进的是使用电动卷膜机，如果将电动卷膜机与温度传感器、控制器、网络相连，还可以实现温度自动控制或远程控制（图 32.12）。

结合自身条件，在教师指导下，进行通风口各种开闭方式练习。

图 32.9 “扒缝”通风

图 32.10 上通风口的拉绳开闭装置

3. 光照调控

（1）增光补光

①选择薄膜　日光温室薄膜通常需要每年更换 1 次，选用透光性能良好的聚氯乙烯无滴膜覆盖温室。

要求薄膜透光率高、保温性强、防尘性好（图 32.13）。优质薄膜覆盖的温室在低温期内部空间不会形成迷雾，薄膜内侧无水滴，即使形成水滴也能逐渐汇集形成水流顺温室前屋面坡度流入温室前沿的土壤中，而不是直接滴落（图 32.14）。

图 32.11　手动卷膜器

图 32.12　电动卷膜机

图 32.13　用透光性良好的薄膜覆盖温室

图 32.14　劣质薄膜内侧形成水滴

②擦洗薄膜　利用工具擦洗温室薄膜。站在温室前沿的地面、后屋面外侧进行擦洗操作（图 32.15）。

虽然聚氯乙烯薄膜透光性能良好，但因含有增塑剂，易吸附尘埃，尤其是建在路边、风沙区、工厂附近的温室，这一问题更为严重，因此需要经常擦洗。

图 32.15　擦洗薄膜

图 32.16　在温室后墙内侧悬挂反光膜

③悬挂反光膜　在温室后墙内侧悬挂银色铝箔反光膜，根据所栽培蔬菜植株高度确定悬挂高度，要让光照能反射到蔬菜植株上（图 32.16）。

使用反光膜是为了提高温室内后部空间弱光区的光照强度，此法虽能改善温室北侧蔬菜光照环境，但不利于后墙接收阳光、贮存热量，因此，仅在保障温室温度的前提下使用，尽量不在严冬季节悬挂。

（2）遮光

①遮阳网遮光　测量温室内外光照强度，计算前屋面透光率。在另一同样日光温室内部或外部，覆盖适宜透光率的遮阳网进行遮光，测量温室内外光照强度，计算透光率。理解使用遮阳网的遮光效果。

利用不同透光率的遮阳网进行遮光，是降低日光温室内光照强度的最直接方法，在降低光照强度的同时可以降低温度。此法主要用在：高温强光季节利用日光温室栽培的越夏茬蔬菜上，瓜类、茄果类蔬菜嫁接苗接口愈合期的强光高温时段。

②回苫　测量温室内外光照强度，计算前屋面透光率。间隔放下温室草苫，再测量温室内外光照强度，计算透光率。比较间隔放下草苫这一措施的遮光效果。

对于使用草苫的温室，上午光照逐渐变强时，将草苫间隔放下，适度降低光照强度，称作回苫，也称作“遮花苫”。多在冬季连续阴天后、天气突然转晴时采用，目的是降低蔬菜蒸腾强度，让蔬菜逐渐适应变化后的天气，防止蔬菜因不适应突然的强光、高温环境而萎蔫、受害。

五、问题思考

1. 对于日光温室的光温调控方法，有许多本项目并未涉及，可以查阅资料、走访蔬菜种植者，拓展思路，提出自己的想法，对本项目的光调控技术进行补充。

2. 低温季节日光温室通风降温时，应注意哪些问题？

单元五 现场考察

XIAN CHANG KAO CHA

项目 33　特色蔬菜栽培区生产技术调查

一、学习目标

巩固蔬菜生产相关的理论与知识，开拓视野，增强对行业现状认识，提高实践技能，锻炼沟通能力，掌握调查技巧。培养探究事物本源的科学精神，培养理论联系实际的应用能力，培养辩证思维。学思结合、知行统一、勇于探索，提高解决问题的能力，增强创新精神、创造意识和创业能力。树立社会主义生态文明观。培养博采众长的职业素养。培养“大国三农”情怀，以强农兴农为己任，“懂农业、爱农村、爱农民”，增强服务农业农村现代化、服务乡村全面振兴的使命感和责任感。

二、基本要求

（一）知识要求

1. 知识点

结合生产实践，深入理解特色蔬菜的内涵及其生产技术相关知识和理论。

2. 名词术语

理解下列名词或专业术语：蔬菜种植者、蔬菜栽培区、蔬菜专业村、特色种植区、蔬菜生产基地、蔬菜标准园、栽培模式、地方品种、种质资源、特色蔬菜、栽培经验、栽培过程、无公害蔬菜、特色农产品、绿色蔬菜、田间管理、蔬菜生长状态、关键技术、调查表、调查报告、讨论会、分组讨论。

（二）技能要求

能够有计划、有目的地对蔬菜栽培技术进行调查。能够用专业术语对所见蔬菜及所调查栽培技术进行描述，能够用所学原理对栽培技术进行解释。

三、背景知识

（一）栽培设施种类

蔬菜栽培常用设施有：地膜覆盖，包括近地面覆盖和地面覆盖；阳畦，包括抢阳畦和槽子畦；塑料拱形棚，包括塑料小棚、塑料中棚、塑料大棚；温室，包括加温温室、日光温室；现代栽培设施，主要指用多层复合塑料薄膜、聚碳酸酯板材、玻璃等为覆盖材料的、附属设施设备齐全的各种现代化大型连栋温室。

（二）蔬菜种类

生产上常涉及的蔬菜分类方法为农业生物学分类法，按此分类方法，可以将蔬菜分为瓜类、茄果类、豆类、根菜类、白菜类、薯芋类、叶菜类等多类。其他分类法还有植物学分类法和食用器官分类法。

（三）蔬菜栽培基本技术环节

蔬菜栽培过程中主要技术环节包括：育苗、定植、田间管理、采收。其中育苗包括种子处理、播种、嫁接、苗期管理等内容；定植包括整地、施肥、作畦、覆盖地膜、定植操作等内容；田间管理包括环境调控、浇水施肥、植株调整、保花保果等内容。

四、实习实训

（一）准备

1. 基地

选择具有当地特色的蔬菜栽培区，如蔬菜专业村、特色种植区、蔬菜生产基地等，要求：第一，该区域蔬菜种植历史悠久，具有一定规模，所生产蔬菜种类、栽培技术、栽培模式具有地方特色；第二，种植者普遍具有丰富的栽培经验，当地已经形成切实可行的成套技术；第三，蔬菜种植过程符合国家相关规范，蔬菜产品质量达到无公害标准。

2. 要求

学生要全程参加考察，中途不可私自离队。与蔬菜种植者交流时要注意文明礼貌。注意保护蔬菜，不可随意摘取、损坏，不可随意践踏栽培畦。注意安全，保持防范意识，减少事故发生概率。带队教师要提前做好安全预案。

（二）步骤与内容

1. 听取指导教师介绍

在特色蔬菜栽培区现场，进入设施内之前，听取专业指导教师介绍，了解并记录该区域的生产规模、主要栽培蔬菜品种、栽培技术特色、在当地生产中的地位等内容。记录该蔬菜栽培区域主要负责人、技术人员、种植者的姓名及联系方式，以备日后联系（图 33.1）。之后，进入设施内部，听取教师讲解，结合所学知识，相互交流，分析蔬菜长势（图 33.2）。

图 33.1　听取教师介绍栽培区基本情况

图 33.2　听取教师分析蔬菜生长状况

2. 听取技术人员介绍

听取该地区基层农业技术推广人员、技术人员、经验丰富的种植者介绍主栽蔬菜具体生产技术及经验（图 33.3）。

3. 听取种植者介绍

选取典型的日光温室、塑料大棚等设施及典型蔬菜，进入设施内，现场听取蔬菜种植者介绍田间管理经验，结合现场蔬菜生长状态、设施状态，与种植者交流，记录蔬菜栽培关键技术（图 33.4）。填调查表（表 33.1）。

图 33.3　听取农技推广人员介绍栽培技术

图 33.4　听取种植者介绍栽培经验

4. 走访特色栽培区域其他设施

分组进行，自由走访本特色蔬菜栽培区域内其他设施，与种植者交流，完善、修正调查表中的内容。

表 33.1　蔬菜栽培关键技术调查表

调查具体地点		调查时间	
被调查人姓名		设施类型	
蔬菜种类		蔬菜品种	
设施面积		当前栽培茬次	
用种量		种子处理方法	
开始浸种日期		播种日期	
营养土组分		播种方法	
苗期温度指标		苗期浇水施肥情况	
日历苗龄		生理苗龄	
定植日期		畦型及规格	
株行距		定植注意事项	
浇缓苗水日期		蹲苗天数	
定植后浇水情况		定植后施肥情况	
土壤施肥种类		每次土壤施肥量	
叶面肥种类		架式	
保花保果药剂名称		保花保果处理方法	
保花保果药剂浓度		整枝方式	
开始采收日期		单株结果数	
总产量		拉秧日期	
栽培畦截面简图（标注尺寸，单位：厘米）			
主要经验			

五、问题思考

1. 撰写调查报告，报告中要重点写明时间、地点、调查对象、调查项目及关键数据。

2. 回校后开讨论会，积极准备发言，谈谈本人调查的收获与感受。

项目 34　农业企业或农民专业合作社考察

一、学习目标

通过考察农业企业或农民专业合作社，了解蔬菜生产技术在行业中的应用情况，增强对行业的了解，为将来从事相关工作做好技术、思想和心理准备。培养理论联系实际的应用能力，培养辩证思维。学思结合、知行统一、勇于探索，提高解决问题的能力。树立社会主义生态文明观。培养博采众长的职业素养。培养“大国三农”情怀，以强农兴农为己任，“懂农业、爱农村、爱农民”，增强服务农业农村现代化、服务乡村全面振兴的使命感和责任感。

二、基本要求

（一）知识要求

1. 知识点

了解农业企业、农民专业合作社的性质、经营范围和运行模式。

2. 名词术语

理解下列名词或专业术语：农业企业、农民专业合作社、国有农业企业、集体所有制农业企业、股份制农业企业、联营农业企业、农作物种植企业、生产加工销售联合企业、农业生产资料、农产品加工、农产品贮藏、休闲农业、乡村旅游、产品营销、生产经营、营销渠道、经营效益、生产用工、经营成本、利润构成、经营理念。

（二）技能要求

能够调查农业企业或农民专业合作社的具体运行情况，理解各生产环节之间的关系。结合考察，能够最大限度地将所学知识、技能应用到实际生产中去。

三、背景知识

（一）农业企业

1. 农业企业的概念

农业企业是指通过种植、养殖等生产活动取得产品并通过营销获得盈利的经济组织。

2. 农业企业的分类

（1）按所有制性质分类　按所有制性质不同，农业企业可分为：国有农业企业、集体所有制农业企业、股份制农业企业、联营农业企业、私营农业企业、中外合资农业企业、中外合作经营农业企业等。

（2）按经营内容分类　按经营内容不同，农业企业可分为：农作物种植企业、林业企业、畜牧企业、渔业企业、生产加工销售联合企业等。

（二）农民专业合作社

1. 农民专业合作社的概念

根据《中华人民共和国农民专业合作社法》（2006 年 10 月 31 日颁布，2017 年 12 月 27 日修订），农民专业合作社是指在农村家庭承包经营基础上，农产品的生产经营者或者农业生产经营服务的提供者、利用者，自愿联合、民主管理的互助性经济组织。

2. 农民专业合作社的业务范围

农民专业合作社以其成员为主要服务对象，开展以下一种或者多种业务：农业生产资料的购买、使用，农产品的生产、销售、加工、运输、贮藏及其他相关服务，农村民间工艺及制品、休闲农业和乡村旅游资源的开发经营等，与农业生产经营有关的技术、信息、设施建设运营等服务。

3. 农民专业合作社的命名方式

农民专业合作社的命名有一定规则，一般由“地域 + 字号 + 产品 + 专业合作社”字样依次组成，如“北京市绿莱园蔬菜专业合作社”“天津市曙光沙窝萝卜专业合作社”“昌黎县嘉诚蔬菜种植专业合作社”等。

四、实习实训

（一）准备

选择学校周边具有地域特色，且具有一定知名度和社会影响力的农业企业或农民专业合作社作为考察对象。学生准备记录用具。

（二）步骤与内容

1. 听取农业企业或农民专业合作社人员介绍

请农业企业或农民专业合作社的负责人、主要管理人员或技术干部介绍本单位基本情况，介绍内容应包括：企业性质、企业规模、占地面积、设施类型、蔬菜种类、种植形式、生产用工、营销渠道、经营效益、新品种引进、新设备引进、新技术应用、技术创新、辐射带动、农民培训等内容。学生在听取介绍过程中应做好记录（图 34.1）。

待单位人员介绍完毕后，学生有不明之处可提出问题与之交流互动，交流过程中注意使用专业术语，练习语言表达能力和沟通能力（图 34.2）。

图 34.1　管理人员介绍企业情况

图 34.2　参观蔬菜包装车间

2. 调查生产情况

（1）基本情况调查　调查设施类型、栽培面积、茬口安排及所栽培蔬菜种类。

（2）生产资料调查　调查包括薄膜、种子、农药、化肥等生产资料的种类、价格、生产厂家、联系方式等信息。

（3）栽培技术调查　调查主要的栽培模式。之后，具体调查每种栽培模式所涵盖的具体栽培技术及相关参数，如：茬口安排、所栽培蔬菜的用种量、种子处理方法、播种方式、苗期管理温度指标、畦型、株行距、水肥管理方法、植株调整方法、环境调控指标、采收期、产量等。重点调查生产经验。

3. 调查经营情况

调查经营情况包括种子、农药、化肥等农资投入成本；蔬菜上市期、上市量、价格、销售渠道、广告宣传方式、产值；用工情况，包括人员、分工情况、工资标准、总用工成本；利润及利润构成。重点调查经营理念和经验。

五、问题思考

1. 以分组讨论的形式，综合分析所考察农业企业或农民专业合作社的基本情况，结合查阅相关资料，找出所考察单位存在的问题，并提出改进意见。

2. 对调查所得材料、数据进行分析、总结，对所考察的农业企业或农民专业合作社进行评价，撰写考察报告。

项目35　农业观光园考察

一、学习目标

通过现场考察农业观光园以及学习相关知识，了解现代农业科技，理解农业的观光功能，开拓思路，拓宽眼界，为将来在都市农业领域从事园区规划、园区建设、技术引进、设备引进、技术开发、园区管理、市场营销及其他相关工作打下基础。培养理论联系实际的应用能力。树立社会主义生态文明观。培养博采众长的职业素养。培养“大国三农”情怀。

二、基本要求

（一）知识要求

1. 知识点

理解农业观光园的概念。了解农业物联网的工作过程，了解农业物联网在现代农业、都市农业中的地位。掌握无土栽培设施的运行原理。

2. 名词术语

理解下列名词或专业术语：农业观光园、现代农业、都市农业、观光农业；无土栽培、基质、养分、天然土壤、营养液、无基质栽培、水培、雾培、基质栽培、单一基质栽培、复合基质栽培；物联网、农业物联网、传感器；规划设计图、效果图。

（二）技能要求

能够识别农业观光园中的各种栽培设施，能够识别各种无土栽培形式。

三、背景知识

（一）农业观光园

1. 农业观光园的概念

农业观光园是以农业资源为核心，借助现代科技和各种栽培设施，遵照园林的规划原则与要求，集科技示范、产品销售、旅游观光、科普教育以及休闲娱乐功能于一体的综合性园区。农业观光园既是一种现代农业、都市农业形式，也是一种崭新的园林类型。

因功能差异和功能侧重点不同，人们习惯赋予农业观光园不同的名称，如休闲农业观光园、生态农业观光园、生态旅游农业观光园等。

2. 农业观光园的特征

（1）区位地域性　农业观光园主要分布在城市周边，具有明显的区位地域性。这是因为：其一，城市周边地区交通方便，旅游客源相对充足；其二，城市周边地区的网络、通信、电力、水源等基础配套条件相对较好；其三，在城市周边地区便于利用城市的科技优势。

（2）功能复合性　农业观光园具有农业生产的基本功能，是特殊的农业生产基地；具有休闲观光功能，拥有田园风光、园林景观；具有科技示范功能，可以展示新品种、新设备、新技术；具有科普教育功能，可供人们尤其是中、小学生学习科技、农业知识；具有体验参与功能，可供人们参与农事作业。

（3）产品独特性　农业观光园的产品除具有基本农产品可供食用的特征外，还兼顾观赏性，具有“新、奇、异、趣”的特点，如“番茄树”、特大南瓜、特长丝瓜以及各种特菜、野菜、功能型蔬菜等。

（4）技术先进性　农业观光园区是现代农业的展示窗口，展现当前先进的农业技术，如无土栽培技术、农业物联网技术等。

（二）无土栽培

1. 无土栽培的概念

国际无土栽培学会（ISOSC）将无土栽培定义为：凡是用天然土壤之外的基质（或仅育苗时使用基质，定植后则不再使用基质）创造能为作物提供水分、养分、氧气环境的栽培方式均可称为无土栽培。

广义的无土栽培，是指不使用天然土壤的作物栽培方式。

狭义的无土栽培，是指不使用天然土壤，且依靠用水和化学肥料配制成的营养液提供养分的无土栽培形式，又称营养液栽培。

如无特别说明，日常所说的无土栽培一般是指狭义的无土栽培。

2. 无土栽培（狭义）的分类

（1）无基质栽培　无基质栽培是指，育苗时有可能使用基质，定植后完全不使用基质，或仅用基质固定植物植株，从而让植物全部或大部分根系直接生长在营养液或含有营养液的潮湿空气中的栽培方式。无基质栽培可再细分为水培和雾培。

①水培　植物根系全部或大部分直接生长在营养液中的无土栽培方式称为水培。主要水培形式包括：营养液膜水培、深液流水培、浮板水培等。

②雾培　雾培又称喷雾栽培、喷雾培、气培，是指用某些装置使植物根系悬空，在装置内部安装喷头，利用水压使营养液经喷头雾化，直接喷到根系上，满足植物对水分、养分和氧气的需求。常见雾培形式有：普通雾培（湿根雾培）、微雾栽培（迷雾栽培）。

（2）基质栽培　基质栽培简称基质培，是指植物根系生长在各种天然或人工合成的固态基质中，利用基质固定植株并创造保水、通气、供养的根际环境的无土栽培方式。依据所用基质的种类不同，可将基质栽培细分为单一基质栽培和复合基质栽培两类。

①单一基质栽培

a. 单一有机基质栽培　单一有机基质栽培指定植后仅使用一种有机基质的基质栽培形式。比如，可以选草炭、锯末、树皮、刨花、稻壳、菇渣、蔗渣和椰子壳纤维等有机基质之一作为栽培基质。

b. 单一无机基质栽培　单一无机基质栽培指定植后仅使用一种无机基质的基质栽培形式，比如，可以选岩棉、砾石、沙、陶粒、珍珠岩、蛭石等无机基质之一作为栽培基质。

②复合基质栽培

把几种单一基质按一定比例混合形成的多成分基质称作复合基质，通常是有机基质、无机基质按适当比例混合。利用复合基质的基质栽培形式称作复合基质栽培。基质混合可改善单一基质的理化性质，获得更好的栽培效果。

（三）农业物联网

1. 农业物联网的概念

物联网是一种动态的全球网络基础设施，具有基于标准和互作通信协议的自组织能力，其中物理的和虚拟的“物”具有身份标识、物理属性、虚拟特性和智能接口，并与信息网络无缝整合。

通俗地讲，物联网是通过射频识别、红外感应器、全球定位系统、激光扫描器等信息传感设备，按通信协议，把物体与互联网相连接，进行信息交换和通信，以实现智能化识别、定位、跟踪、监控和管理的网络。

简单地讲，物联网就是把所有物品通过信息传感设备与互联网连接起来，以实现智能化识别和管理的网络设施。

农业物联网是指应用于农业领域的物联网技术，能使农业生产与经营活动更加信息化、智能化。

2. 农业物联网的构成

（1）感知层　感知层由各种传感器组成，是整个农业物联网系统的基础，其功能是收集数据和获取信息。例如，各种土壤环境传感器、气象站，可以实时监测并获取作物生长的环境信息，包含空气的温湿度、风向风速、降雨量、光照和二氧化碳浓度，以及土壤的温度、含水量、电导度、酸碱度等；还有视频摄像系统，可以实时监测并记录作物生长状况及田间作业情况。

（2）传输层　传输层指传输各种数据的通信网络。传输层主要通过无线技术传输感知层所获取的各种信息，也能将操作指令发布下去。传输方式主要有：5G、Wi-Fi、蓝牙、Sub-1GHZ 等。

（3）应用层　应用层包含数据存储、处理，任务执行、情景展现等系统，负责数据分析与应用，是整个系统的信息终端。可以远程处理感知层获取的环境、作物长势等信息，并发出指令，对应机械收到指令后立即执行如开闭水泵、开闭电磁阀、启动或关闭卷帘机等操作。

四、实习实训

（一）准备

由教师联系距离学校较近，且栽培设施及栽培形式齐全的农业观光园，确定参观时间、行程。农业观光园方面安排导游或讲解员，学校方面安排带队教师和专业指导教师。制定安全预案。学生准备观察、测量、记录工具及材料。

（二）步骤与内容

1. 了解农业观光园规划情况

（1）记录农业观光园规划图　在农业观光园入口处，通常会展示整个园区的规划设计图，或规划效果图，或平面布置图等。对其拍照或手绘记录，分析园区功能分区和布局，理解其规划理念与思路。

（2）听取农业观光园人员讲解　了解农业观光园的主要功能、业务范围、运行情况、管理方法等，并做好记录。

2. 调查农业观光园的设施与技术

（1）调查栽培设施相关内容　调查栽培设施类型，如塑料大棚、日光温室、现代化大型温室等，确定其面积及占总栽培面积比例。测量重点栽培设施的主要结构参数，如日光温室的高度、跨度、长度、后墙高度、后屋面仰角等。识别各种设施的结构，并了解其用途，如现代化大型温室的齿轮齿条外翻窗、卷膜通风窗等通风结构，外遮阳、内遮阳等遮光结构（图 35.1）。

（2）调查无土栽培设施与技术　调查该农业观光园有哪几种无土栽培形式，如营养液膜水培、深液流水培等。调查有代表性的无土栽培设施的结构参数，如基质栽培的栽培槽的长度、宽度、深度。调查无土栽培设施的建筑或制作材料，如深夜流水培的栽培槽是砖混结构，还是用聚苯乙烯泡沫塑料材料或其他材料制作的。分别调查各种无土栽培设施所栽培的蔬菜种类，并从观赏性、适应性和产值方面进行分析为什么选择该类蔬菜（图 35.2）。

图 35.1　参观现代化大型温室

图 35.2　听教师讲解浮板水培设施结构

了解无土栽培，尤其是水培的原理。调查营养液供液时间、供液次数、营养液酸碱度、营养液电导度等指标。

（3）调查农业物联网　到具有代表性的栽培场所，观察农业物联网所涉及的各种传感器，尤其是环境因子传感器，如二氧化碳浓度传感器、光照强度传感器等，了解其功能和主要技术参数。

在农业观光园工作人员和教师的带领下，进入观光园农业物联网主控室，观察农业物联网的运行情况，听取相关人员介绍农业物联网的构成、功能、运行过程和使用效果。

3. 讨论与交流

参观完毕回校后，就参观收获进行讨论与交流，锻炼职业能力。

（1）要求　教师根据参观内容、教学需要和学生认知能力，布置具体讨论或交流的题目，并提出要求。

（2）分组　每5～10人为1组。设组长1人，负责主持本组会议，组织发言，把握会议时间，掌控会议进程。设秘书1人，负责会议记录。以分组讨论的组织方式模拟就业后工作会议，参考图35.3、图35.4示例摆放桌椅，编写并粘贴座位号，就座时注意职场礼仪。

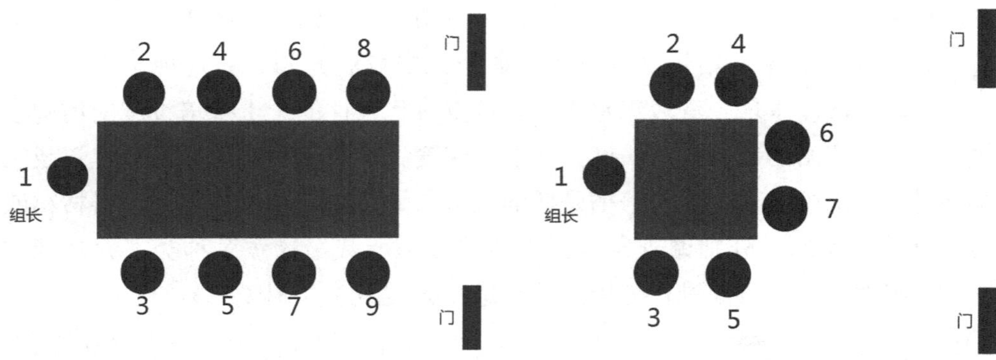

图35.3　三面排列座次示意图　　图35.4　四面排列座次示意图

（3）流程　会议地点可以选择在教室，也可以安排在田间（图35.5、图35.6）。按如下会议流程进行。

图35.5　教室讨论交流安排示例

图35.6　田间讨论交流安排示例

①组长主持　由各组组长阐述讨论题目，解释题目意义，宣布讨论流程，

提出对每个人的发言时间的要求，指出注意事项。

②依次发言　按座位序号依次发言，每位同学先准备简单提纲，之后依次且尽量有条理地阐述本人观点。

③自由发言　所有人发言完毕后，每个人可以自由发言，就相互冲突的观点或不明问题进行辩论。

④形成结论　讨论后，组长进行总结陈述，形成结论。每位同学应注意记录，必要时可临时补充。

⑤提交记录　秘书整理并向教师提交会议记录。会议记录要注明时间、地点、参会者姓名，要记录每个人发言的内容概要，尤其要准确记录其观点，清晰记录交流讨论的结论。

五、问题思考

1. 当前，都市农业领域的各种园区，因功能的侧重点不同，有不同的名称，如农业观光园、农业生态园、农业园、农业示范园、农业科技园（区）、农业科技示范园、农业产业园（区）、现代农业产业园（区）、现代农业园（区）、综合农业园、×× 主题农业园、休闲农业园等，通过查阅资料，分析不同名称的内涵。

2. 对未来都市农业的发展方向提出设想。

3. 根据参观农业观光园所见内容，总结该农业观光园的主要规划思路。

参 考 文 献

[1] 宋士清，王久兴．设施蔬菜栽培 [M]．北京：科学出版社，2016.

[2] 王久兴，宋士清 . 设施蔬菜栽培学实践教学指导书 [M]. 北京：中国科学技术出版社，2012.

[3] 王久兴，宋士清 . 无土栽培 [M]．北京：科学出版社，2016.

[4] 宋士清，张慎好，刘桂智，等．新形势下蔬菜学创新型、创业型人才的培养 [J]．河北科技师范学院学报（社会科学版），2008，7（3）：9-14.

[5] 宋士清，王久兴，武春成．“设施蔬菜栽培学”课程建设的理论与创新 [J]．河北科技师范学院学报（社会科学版），2009，8（4）：5-9.

[6] 宋士清，王久兴，武春成．《设施蔬菜栽培学》国家级精品课程建设的理论与实践 [A]// 石千峰，汤生玲．现代高等教育发展研究．北京：中国农业科学技术出版社，2010.

[7] 程智慧．蔬菜栽培学各论 [M]．北京：科学出版社，2021.

[8] 程智慧．蔬菜栽培学总论 [M]．2 版．北京：科学出版社，2019.

[9] 喻景权．蔬菜栽培学各论 [M]．北京：中国农业出版社，2020.

[10] 王秀峰．蔬菜栽培学各论（北方本）[M]．4 版．北京：中国农业出版社，2018.

[11] 中国农业科学院蔬菜花卉研究所 . 中国蔬菜栽培学 [M]．2 版 . 北京：中国农业出版社，2010.

关键词索引